큐브 개념 동영상 강의

학습 효과를 높이는 개념 설명 강의

1초 만에 바로 강의 시청

QR코드를 스캔하여 개념 이해 강의를 바로 볼 수 있습니다. 개념별로 제공되는 강의를 보면 빈틈없는 개념을 완성할 수 있습니다.

친절한 개념 동영상 강의

수학 전문 선생님의 친절한 개념 강의를 보면서 교과서 개념을 쉽고 빠르게 이해할 수 있습니다.

나의 목표와 다짐을 적어 주세요.

2단원

	1회차	2회차	3회차	4회차	5회차	이번 주 스스로 평가
2주	개념책 028~031쪽	개념책 032~036쪽	개념책 040~045쪽	개념책 046~049쪽	개념책 050~053쪽	매우 잘함 □ 보통 □ 노력 요함 □
	월 일	월 일	월 일	월 일	월 일	

4단원 **3단원**

이번 주 스스로 평가	5회차	4회차	3회차	2회차	1회차	
매우 잘함 □ 보통 □ 노력 요함 □	개념책 080~083쪽	개념책 072~076쪽	개념책 068~071쪽	개념책 062~067쪽	개념책 054~058쪽	**3주**
	월 일	월 일	월 일	월 일	월 일	

총정리

	1회차	2회차	3회차	4회차	5회차	이번 주 스스로 평가
6주	개념책 134~139쪽	개념책 140~143쪽	개념책 144~147쪽	개념책 148~152쪽	개념책 154~157쪽	매우 잘함 □ 보통 □ 노력 요함 □
	월 일	월 일	월 일	월 일	월 일	

학습 진도표

사용 설명서

① 공부할 날짜를 빈칸에 적습니다.
② 한 주가 끝나면 스스로 평가합니다.

1단원

1주

	1회차	2회차	3회차	4회차	5회차	이번 주 스스로 평가
	개념책 008~011쪽	개념책 012~015쪽	개념책 016~019쪽	개념책 020~023쪽	개념책 024~027쪽	매우 잘함 ☐ 보통 ☐ 노력 요함 ☐
	월 일	월 일	월 일	월 일	월 일	

5단원

4주

이번 주 스스로 평가	5회차	4회차	3회차	2회차	1회차	
매우 잘함 ☐ 보통 ☐ 노력 요함 ☐	개념책 102~105쪽	개념책 094~098쪽	개념책 090~093쪽	개념책 086~089쪽	개념책 084~085쪽	
	월 일	월 일	월 일	월 일	월 일	

6단원

5주

	1회차	2회차	3회차	4회차	5회차	이번 주 스스로 평가
	개념책 106~109쪽	개념책 110~115쪽	개념책 116~119쪽	개념책 120~124쪽	개념책 128~133쪽	매우 잘함 ☐ 보통 ☐ 노력 요함 ☐
	월 일	월 일	월 일	월 일	월 일	

수학의 기본
큐브 시리즈

큐브 연산 | 1~6학년 1, 2학기(전 12권)

전 단원 연산을 다잡는 기본서

- 교과서 전 단원 구성
- 개념–연습–적용–완성 4단계 유형 학습
- 실수 방지 팁과 문제 제공

큐브 개념 | 1~6학년 1, 2학기(전 12권)

교과서 개념을 다잡는 기본서

- 교과서 개념을 시각화 구성
- 수학익힘 교과서 완벽 학습
- 기본 강화책 제공

큐브 유형 | 1~6학년 1, 2학기(전 12권)

모든 유형을 다잡는 기본서

- 기본부터 응용까지 모든 유형 구성
- 대표 예제로 유형 해결 방법 학습
- 서술형 강화책 제공

큐브 개념

개념책

초등 수학

3·1

큐브 개념
구성과 특징

큐브 개념은 교과서 개념과 수학익힘 문제를 한 권에 담은 기본 개념서입니다.

개념책

1STEP 교과서 개념 잡기
꼭 알아야 할 교과서 개념을 시각화하여 쉽게 이해

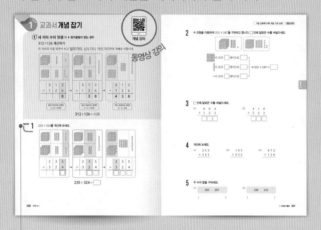

개념 확인 문제
배운 개념의 내용을 같은 형태의 문제로 한 번 더 확인

2STEP 수학익힘 문제 잡기
수학익힘의 교과서 문제 유형 제공

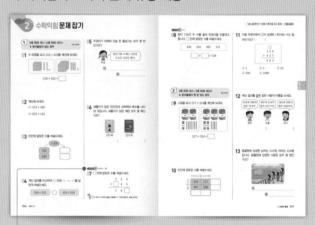

교과 역량 문제
생각하는 힘을 키우는 문제로 5가지 수학 교과 역량이 반영된 문제

개념 기초 문제를
한번 더!

수학익힘 유사 문제를
한번 더!

기본 강화책

기초력 더하기

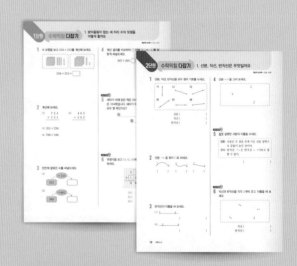

기초력 더하기
개념책의 〈교과서 개념 잡기〉 학습 후
개념별 기초 문제로 기본기 완성

수학익힘 다잡기
개념책의 〈수학익힘 문제 잡기〉 학습 후
수학익힘 유사 문제를 반복 학습하여 수학 실력 완성

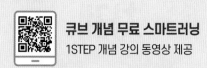

큐브 개념 무료 스마트러닝
1STEP 개념 강의 동영상 제공

3STEP **서술형 문제 잡기**

풀이 과정을 따라 쓰며 익히는 연습 문제와 유사 문제로 구성

평가 **단원 마무리 + 1~6단원 총정리**

마무리 문제로 단원별 실력 확인

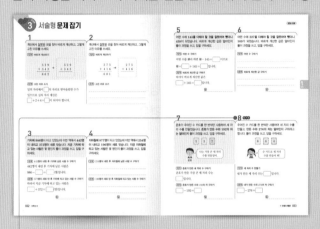

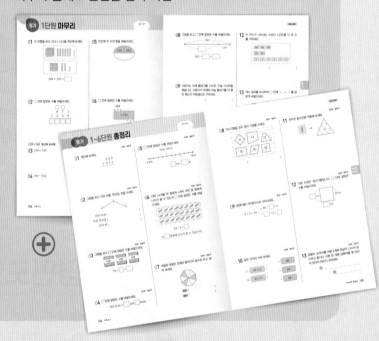

• 창의형 문제
  다양한 형태의 답으로 창의력을 키울 수 있는 문제

⊘ 큐브 개념은 이렇게 활용하세요.

❶ 코너별 반복 학습으로 기본을 다지는 방법

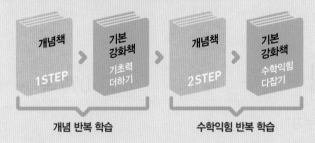

❷ 예습과 복습으로 개념을 쉽고 빠르게 이해하는 방법

큐브 개념
차례

1

덧셈과 뺄셈

학습을 끝낸 후
색칠하세요.

교과서
개념 잡기

수학익힘
문제 잡기

⊻ 이전에 배운 내용

[2-1] 덧셈과 뺄셈

받아올림이 있는 두 자리 수의 덧셈

받아내림이 있는 두 자리 수의 뺄셈

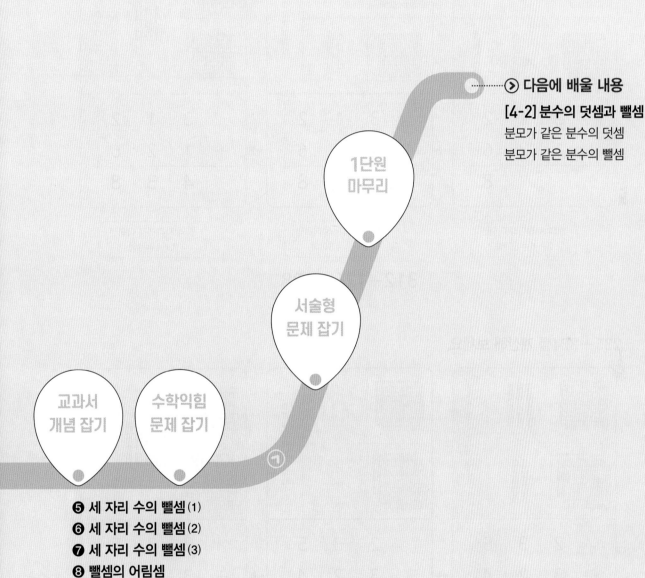

······⊙ 다음에 배울 내용

[4-2] 분수의 덧셈과 뺄셈

분모가 같은 분수의 덧셈
분모가 같은 분수의 뺄셈

1단원
마무리

서술형
문제 잡기

교과서
개념 잡기

수학익힘
문제 잡기

❺ 세 자리 수의 뺄셈 (1)
❻ 세 자리 수의 뺄셈 (2)
❼ 세 자리 수의 뺄셈 (3)
❽ 뺄셈의 어림셈

STEP 1 교과서 개념 잡기

개념 강의

① 세 자리 수의 덧셈 ⑴ ▶ 받아올림이 없는 경우

312＋126 계산하기

각 자리의 수를 맞추어 쓰고 **일의 자리**, **십의 자리**, **백의 자리**끼리 차례로 더합니다.

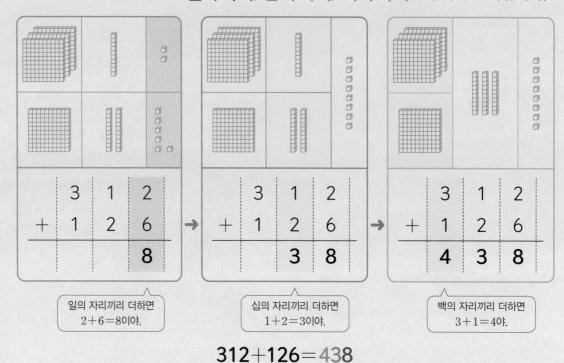

일의 자리끼리 더하면
2＋6＝8이야.

십의 자리끼리 더하면
1＋2＝3이야.

백의 자리끼리 더하면
3＋1＝4야.

$$312＋126＝438$$

개념 확인 **1**

235＋324를 계산해 보세요.

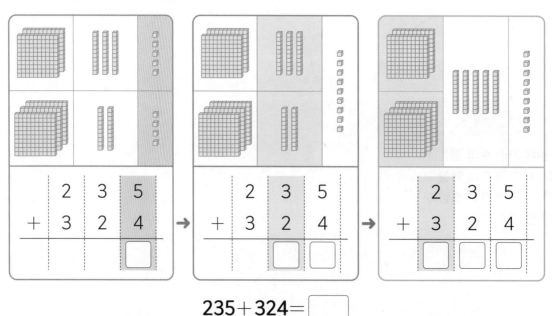

$$235＋324＝\boxed{}$$

2 수 모형을 이용하여 331＋247을 구하려고 합니다. ☐ 안에 알맞은 수를 써넣으세요.

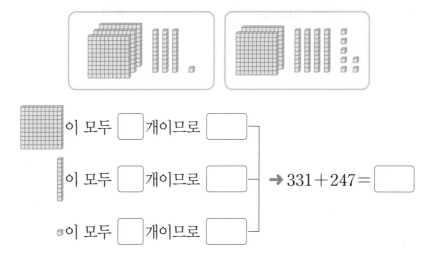

이 모두 ☐ 개이므로 ☐
이 모두 ☐ 개이므로 ☐ ➔ 331＋247＝☐
이 모두 ☐ 개이므로 ☐

3 ☐ 안에 알맞은 수를 써넣으세요.

(1)
```
    6 6 4
 +  1 2 3
 ☐ ☐ ☐
```

(2)
```
    4 1 6
 +  5 2 2
 ☐ ☐ ☐
```

4 계산해 보세요.

(1)
```
    2 5 3
 +  3 4 1
```

(2)
```
    1 6 5
 +  6 3 2
```

(3)
```
    4 7 2
 +  1 2 6
```

5 두 수의 합을 구하세요.

(1)

562　　207

(　　　　　　　）

(2)

336　　143

(　　　　　　　）

교과서 개념 잡기

② **세 자리 수의 덧셈** ⑵ ▶ 받아올림이 한 번 있는 경우

138+214 계산하기

일의 자리 수끼리의 합이 **10이거나 10보다 크면** 바로 윗자리로 받아올림합니다.

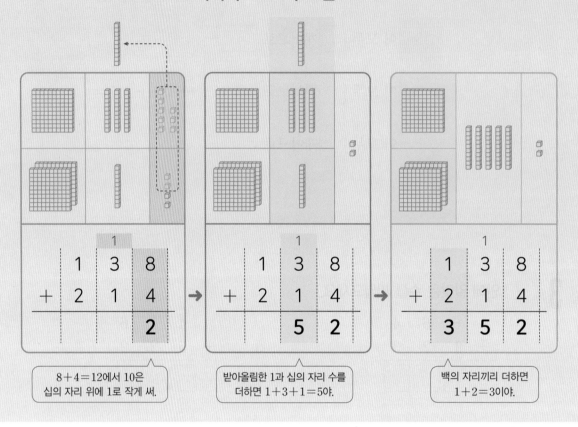

8+4=12에서 10은
십의 자리 위에 1로 작게 써.

받아올림한 1과 십의 자리 수를
더하면 1+3+1=5야.

백의 자리끼리 더하면
1+2=3이야.

개념 확인 **1**   327+236을 계산해 보세요.

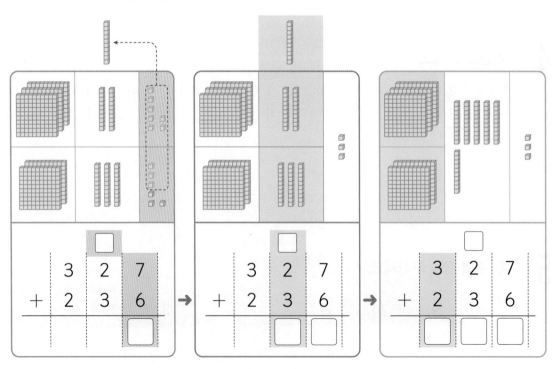

2 수 카드를 이용하여 357＋228을 구하려고 합니다. ☐ 안에 알맞은 수를 써넣으세요.

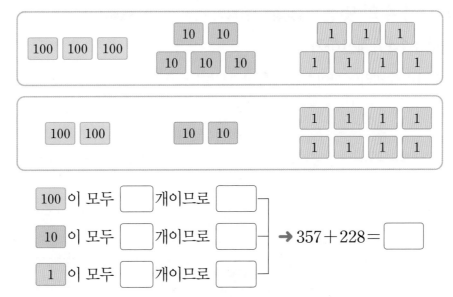

100 이 모두 ☐ 개이므로 ☐

10 이 모두 ☐ 개이므로 ☐ ⟶ 357＋228＝☐

1 이 모두 ☐ 개이므로 ☐

3 ☐ 안에 알맞은 수를 써넣으세요.

(1)
```
        ☐
      6 5 7
  +   2 1 9
  ─────────
    ☐ ☐ ☐
```

(2)
```
        ☐
      1 8 3
  +   5 7 6
  ─────────
    ☐ ☐ ☐
```

4 계산해 보세요.

(1)
```
    2 7 5
  + 3 1 9
```

(2)
```
    1 0 8
  + 3 2 8
```

(3)
```
    5 6 2
  + 1 7 4
```

5 빈칸에 알맞은 수를 써넣으세요.

(1)
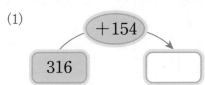

(2)
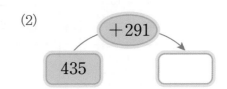

교과서 개념 잡기

개념 강의

③ 세 자리 수의 덧셈 ⑶ ▶ 받아올림이 여러 번 있는 경우

265+147 계산하기

같은 자리 수끼리의 합이 **10이거나 10보다 크면** 바로 윗자리로 받아올림합니다.

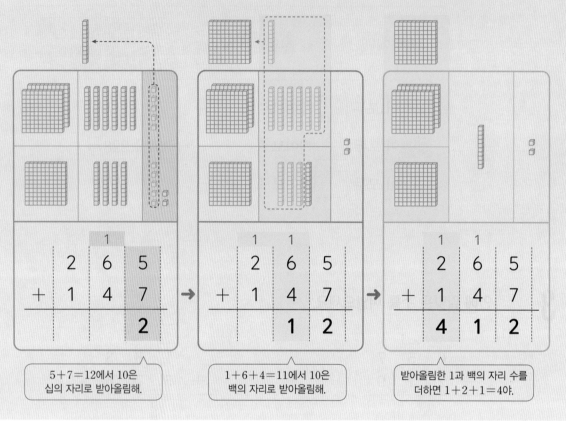

5+7=12에서 10은
십의 자리로 받아올림해.

1+6+4=11에서 10은
백의 자리로 받아올림해.

받아올림한 1과 백의 자리 수를
더하면 1+2+1=4야.

개념 확인 **1** 268+154를 계산해 보세요.

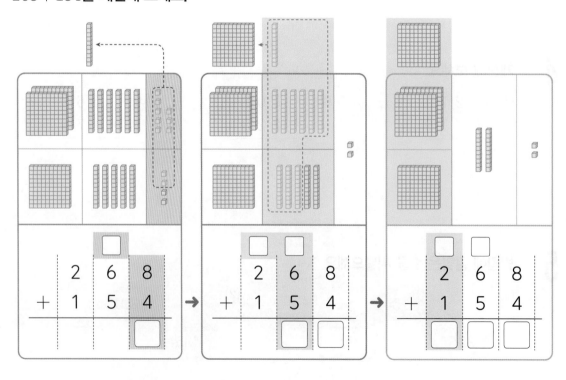

2 수 카드를 이용하여 486+665를 구하려고 합니다. ☐ 안에 알맞은 수를 써넣으세요.

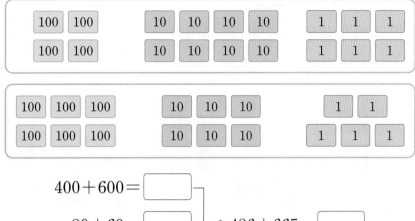

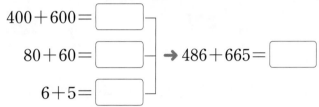

$$400+600=\boxed{}$$

$$80+60=\boxed{} \quad \to \quad 486+665=\boxed{}$$

$$6+5=\boxed{}$$

3 ☐ 안에 알맞은 수를 써넣으세요.

(1)
```
      ☐ ☐
      3 7 8
  +   4 9 6
  ─────────
    ☐ ☐ ☐
```

(2)
```
      ☐ ☐
      6 5 9
  +   5 8 4
  ─────────
    ☐ ☐ ☐
```

4 계산해 보세요.

(1)
```
    5 6 5
  + 3 7 8
```

(2)
```
    2 5 7
  + 4 8 6
```

(3)
```
    4 9 3
  + 8 1 9
```

5 빈칸에 두 수의 합을 써넣으세요.

(1)
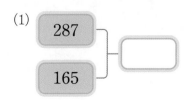

(2)
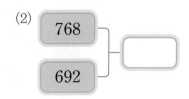

1. 덧셈과 뺄셈 **013**

④ 덧셈의 어림셈

세 자리 수의 덧셈을 어림셈으로 구하기

세 자리 수를 **약 몇백**으로 어림하여 덧셈을 합니다.

미술관 입장객이 금요일에 403명, 토요일에 498명이었습니다.
금요일과 토요일의 미술관 입장객은 약 몇 명인지 어림셈을 이용하여 알아봅니다.

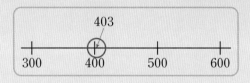

403을 몇백으로 어림하면 **약 400**입니다.

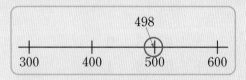

498을 몇백으로 어림하면 **약 500**입니다.

어림셈 $400 + 500 = 900$ → 금요일과 토요일의 미술관 입장객은 **약 900명**입니다.

개념 확인 **1**

박물관 입장객이 토요일에 204명, 일요일에 397명이었습니다. 204와 397을 어림하여 그림에 ○표 하고, 주말의 박물관 입장객은 약 몇 명인지 어림셈으로 알아보세요.

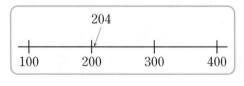

204를 몇백으로 어림하면 **약** ☐ 입니다.

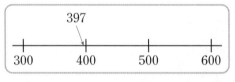

397을 몇백으로 어림하면 **약** ☐ 입니다.

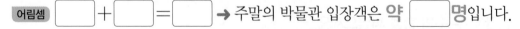

어림셈 ☐ + ☐ = ☐ → 주말의 박물관 입장객은 **약** ☐ **명**입니다.

2 친구들이 494+308을 어림셈으로 구하려고 합니다. ☐ 안에 알맞은 수를 써넣으세요.

494를 몇백으로 어림하면

약 ☐ 이야.

미나

308을 몇백으로 어림하면

약 ☐ 이야.

연서

→ 어림셈으로 계산하면 ☐ + ☐ = ☐ 이므로 약 ☐ 입니다.

3 어림셈을 하기 위한 식에 색칠해 보세요.

(1) 198+612 →

200+700	200+600	100+600

(2) 704+197 →

600+200	700+100	700+200

4 도서관에 오전과 오후에 방문한 전체 방문자 수가 1000명보다 많은지 적은지 어림셈을 이용하여 알아보세요.

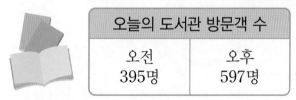

오늘의 도서관 방문객 수	
오전 395명	오후 597명

(1) (몇백)+(몇백)으로 어림셈을 하여 전체 방문자 수를 구하세요.

어림셈 ☐ + ☐ = ☐

(2) 알맞은 말에 ○표 하세요.

오전 방문자 수는 400명보다 (많은 , 적은) 395명이고,

오후 방문자 수는 600명보다 (많은 , 적은) 597명이므로

전체 방문자 수는 1000명보다 (많습니다 , 적습니다).

수학익힘 문제 잡기

1 (세 자리 수)＋(세 자리 수)(1)
▶ 받아올림이 없는 경우

개념 008쪽

01 수 모형을 보고 216＋432를 계산해 보세요.

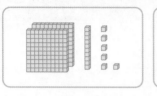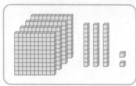

$$216+432=\boxed{}$$

02 계산해 보세요.

(1) 274＋305

(2) 653＋142

03 빈칸에 알맞은 수를 써넣으세요.

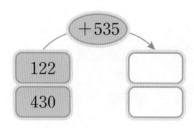

04 계산 결과를 비교하여 ○ 안에 ＞, ＝, ＜를 알맞게 써넣으세요.

256＋312 ○ 435＋124

05 주경이가 어제와 오늘 한 줄넘기는 모두 몇 번인가요?

줄넘기를 어제는 134번, 오늘은 152번 했어.

주경

식

답

06 새롬이가 읽은 위인전과 과학책의 쪽수를 나타낸 것입니다. 새롬이가 읽은 책은 모두 몇 쪽인가요?

위인전 275쪽   과학책 221쪽

(   )

교과역량 콕! 문제해결 | 추론

07 □ 안에 알맞은 수를 써넣으세요.

$$\begin{array}{r} 2\ 2\ 4 \\ +\ \boxed{}\ 4\ 5 \\ \hline 7\ 6\ \boxed{} \end{array}$$

힌트 콕! 각 자리 수끼리의 합을 이용해서 □ 안에 알맞은 수를 찾아봐.

교과역량 쿡! 추론

08 합이 738인 두 수를 골라 덧셈식을 만들려고 합니다. □ 안에 알맞은 수를 써넣으세요.

| 436 | 243 | 302 | 511 |

☐ + ☐ =738

2 **(세 자리 수)+(세 자리 수)(2)**
▶ 받아올림이 한 번 있는 경우

개념 010쪽

09 그림을 보고 217＋324를 계산해 보세요.

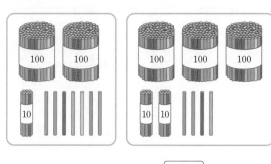

217＋324= ☐

10 빈칸에 알맞은 수를 써넣으세요.

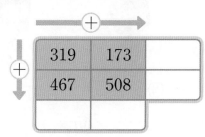

319	173	
467	508	

11 다음 덧셈식에서 ①이 실제로 나타내는 수는 얼마인가요? ( )

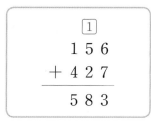

```
    ①
   1 5 6
 + 4 2 7
 ─────────
   5 8 3
```

① 1　　　　② 5　　　　③ 10
④ 100　　　⑤ 1000

12 계산 결과를 <u>잘못</u> 말한 사람의 이름을 쓰세요.

318과 256의 합은 574야.

407과 214의 합은 611이야.

381과 255의 합은 636이야.

현우　　　　도율　　　　미나

( )

13 동물원에 입장한 남자는 347명, 여자는 428명입니다. 동물원에 입장한 사람은 모두 몇 명인가요?

식 _____

답 _____

1. 덧셈과 뺄셈 **017**

14 계산 결과가 큰 것부터 차례로 기호를 쓰세요.

> ㉠ 318＋252
> ㉡ 462＋187
> ㉢ 247＋339

( )

교과역량 **콕!** 문제해결

15 ㉠과 ㉡의 합을 구하세요.

> ㉠ 100이 3개, 10이 4개, 1이 8개인 수
> ㉡ 100이 2개, 1이 29개인 수

( )

힌트 **톡!** ㉠, ㉡이 나타내는 수가 각각 얼마인지 먼저 구해 봐.

3 (세 자리 수)＋(세 자리 수)(3)
개념 012쪽
▶ 받아올림이 여러 번 있는 경우

16 수 모형을 보고 245＋157을 계산해 보세요.

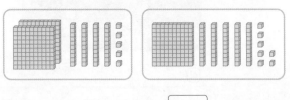

245＋157 = ☐

17 같은 것끼리 이어 보세요.

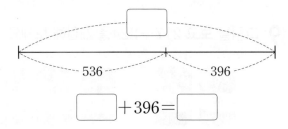

(1) 637＋285 · · 913
(2) 124＋789 · · 922
(3) 589＋472 · · 1061

18 그림을 보고 ☐ 안에 알맞은 수를 써넣으세요.

☐
536 396

☐ ＋396 = ☐

19 규민이와 리아가 모은 우표는 모두 몇 장인가요?

난 우표를 398장 모았어.
난 276장 모았어.
규민 리아

식

답

20 원 안에 있는 수의 합을 구하세요.

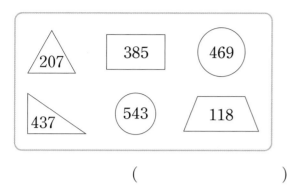

(   )

21 〈보기〉에서 짝수를 모두 찾아 합을 구하세요.

〈보기〉

334   579   496   603

(   )

교과역량 콕! 정보처리

22 수 카드가 나타내는 수보다 478만큼 더 큰 수를 구하세요.

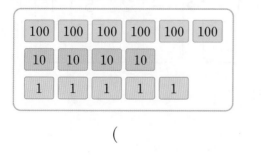

(   )

4 덧셈의 어림셈   개념 014쪽

23 경아가 집에서 도서관까지 가는 데 295 m는 걸어서 갔고, 807 m는 자전거를 타고 갔습니다. 경아의 집에서 도서관까지의 거리는 약 몇 m인지 어림셈으로 구한 값을 찾아 ○표 하세요.

약 900 m	약 1000 m	약 1100 m

24 지난 주말에 **국립 공원**에 입장한 어른은 809명, 어린이는 494명입니다. 지난 주말 국립 공원에 입장한 사람은 약 몇 명인지 어림셈으로 구하려고 합니다. 어림셈을 하기 위한 식을 쓰고, 계산해 보세요.

식 _____

답 _____

어휘 톡! 자연 경치가 뛰어난 곳을 나라에서 정하여 관리하는 공원을 **국립 공원**이라고 해.

교과역량 콕! 추론 | 연결

25 은주가 가게에서 1000원으로 종류가 다른 간식 2가지를 사려고 합니다. 살 수 있는 간식 2가지를 쓰세요.

(,   )

교과서 개념 잡기

개념 강의

⑤ 세 자리 수의 뺄셈(1) ▶ 받아내림이 없는 경우

356−214 계산하기

각 자리의 수를 맞추어 쓰고 **일의 자리**, **십의 자리**, **백의 자리**끼리 차례로 뺍니다.

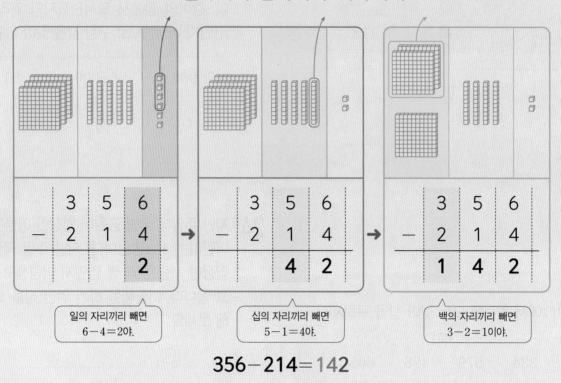

일의 자리끼리 빼면
6−4=2야.

십의 자리끼리 빼면
5−1=4야.

백의 자리끼리 빼면
3−2=1이야.

$$356-214=142$$

개념 확인 **1**

465−251을 계산해 보세요.

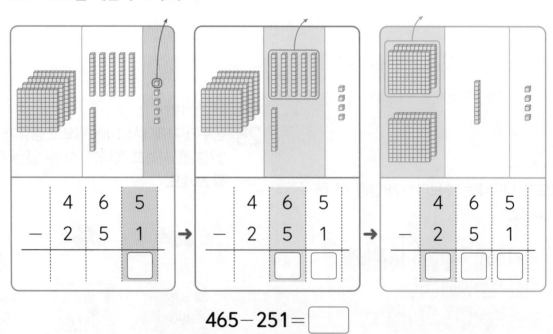

$$465-251=\boxed{}$$

2 수 모형을 이용하여 378−135를 구하려고 합니다. ☐ 안에 알맞은 수를 써넣으세요.

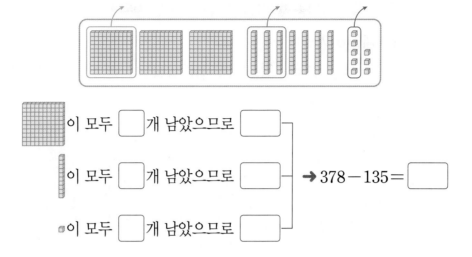

이 모두 ☐ 개 남았으므로 ☐

이 모두 ☐ 개 남았으므로 ☐ ⟶ 378−135= ☐

이 모두 ☐ 개 남았으므로 ☐

3 ☐ 안에 알맞은 수를 써넣으세요.

(1)
```
    7 4 2
  − 3 0 1
  ─────────
   ☐ ☐ ☐
```

(2)
```
    8 9 5
  − 3 6 2
  ─────────
   ☐ ☐ ☐
```

4 계산해 보세요.

(1)
```
    5 9 6
  − 2 7 1
```

(2)
```
    7 6 8
  − 1 5 6
```

(3)
```
    6 2 3
  − 2 1 1
```

5 ☐ 안에 알맞은 수를 써넣으세요.

(1) 378 ➔ −155 ➔ ☐

(2) 897 ➔ −446 ➔ ☐

교과서 개념 잡기

개념 강의

⑥ 세 자리 수의 뺄셈 (2) ▶ 받아내림이 한 번 있는 경우

255−138 계산하기

일의 자리 수끼리 뺄 수 없으면 십의 자리에서 일의 자리로 **10을 받아내림**하고 일의 자리 수와 더한 후 뺍니다.

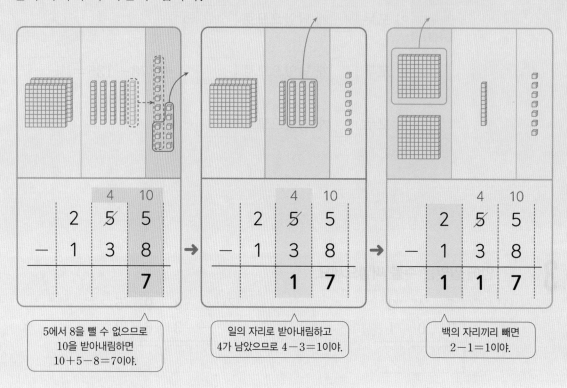

5에서 8을 뺄 수 없으므로 10을 받아내림하면 $10+5-8=7$이야.

일의 자리로 받아내림하고 4가 남았으므로 $4-3=1$이야.

백의 자리끼리 빼면 $2-1=1$이야.

개념 확인 1

372−154를 계산해 보세요.

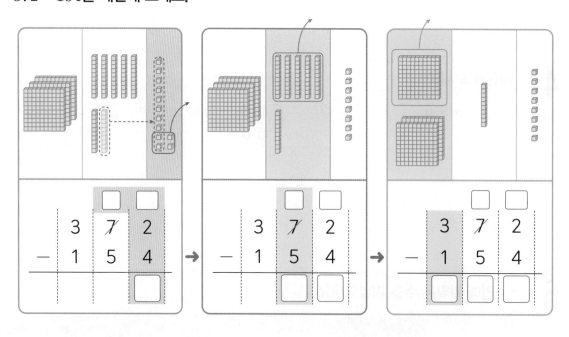

2 수 카드를 이용하여 463-239를 구하려고 합니다. ☐ 안에 알맞은 수를 써넣으세요.

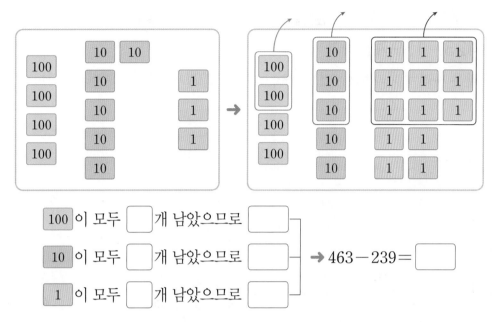

100 이 모두 ☐개 남았으므로 ☐

10 이 모두 ☐개 남았으므로 ☐   → 463-239=☐

1 이 모두 ☐개 남았으므로 ☐

3 ☐ 안에 알맞은 수를 써넣으세요.

(1)
```
    ☐ ☐
  4 8̸ 3
-  2 1 5
 ─────────
  ☐ ☐ ☐
```

(2)
```
    ☐ ☐
  7̸ 2 6
-  5 8 4
 ─────────
  ☐ ☐ ☐
```

4 계산해 보세요.

(1)
```
  2 6 1
- 1 3 6
```

(2)
```
  5 2 9
- 2 5 6
```

(3)
```
  8 1 5
- 4 7 3
```

5 빈칸에 알맞은 수를 써넣으세요.

(1)
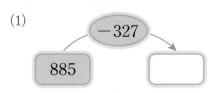

885 ─(-327)→ ☐

(2)
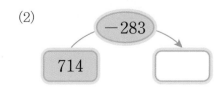

714 ─(-283)→ ☐

교과서 개념 잡기

7 세 자리 수의 뺄셈 (3) ▶ 받아내림이 두 번 있는 경우

423-159 계산하기

같은 자리 수끼리 뺄 수 없으면 **바로 윗자리에서 10을 받아내림**합니다.

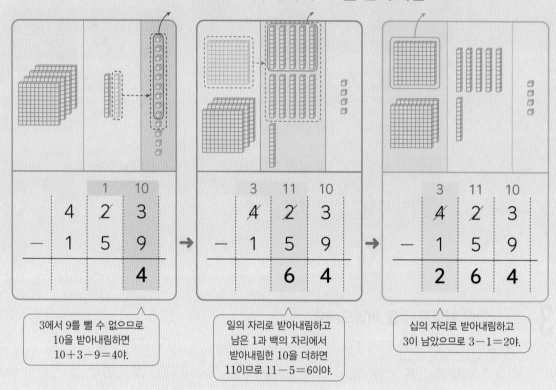

3에서 9를 뺄 수 없으므로
10을 받아내림하면
10+3-9=4야.

일의 자리로 받아내림하고
남은 1과 백의 자리에서
받아내림한 10을 더하면
11이므로 11-5=6이야.

십의 자리로 받아내림하고
3이 남았으므로 3-1=2야.

개념 확인 1

345-197을 계산해 보세요.

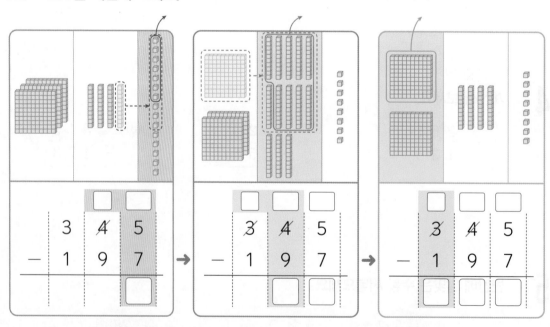

2 수 카드를 이용하여 414−188을 구하려고 합니다. ☐ 안에 알맞은 수를 써넣으세요.

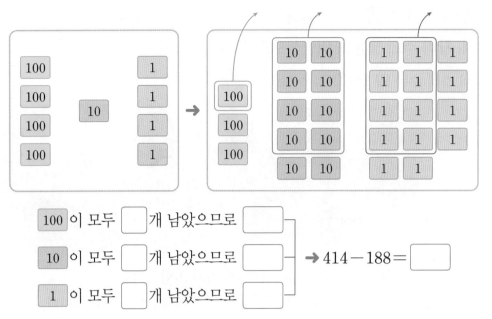

100 이 모두 ☐ 개 남았으므로 ☐

10 이 모두 ☐ 개 남았으므로 ☐ → 414−188= ☐

1 이 모두 ☐ 개 남았으므로 ☐

3 ☐ 안에 알맞은 수를 써넣으세요.

(1)
```
  ☐ ☐ ☐
  8̸ 2̸ 5
−   1 9 6
  ☐ ☐ ☐
```

(2)
```
  ☐ ☐ ☐
  5̸ 3̸ 6
−   2 7 8
  ☐ ☐ ☐
```

4 계산해 보세요.

(1)
```
  5 6 8
− 3 7 9
```

(2)
```
  8 7 4
− 4 9 5
```

(3)
```
  7 6 3
− 4 8 8
```

5 빈칸에 두 수의 차를 써넣으세요.

(1)
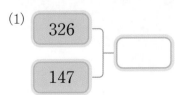

(2)
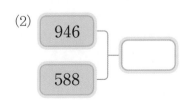

⑧ 뺄셈의 어림셈

세 자리 수의 뺄셈을 어림셈으로 구하기

세 자리 수를 **약 몇백**으로 어림하여 뺄셈을 합니다.

딱지를 규민이는 302개, 현아는 196개 가지고 있습니다.
규민이는 현아보다 딱지가 약 몇 개 더 많은지 어림셈으로 알아봅니다.

302를 몇백으로 어림하면 **약 300**입니다.

196을 몇백으로 어림하면 **약 200**입니다.

어림셈 300 − 200 = 100 → 규민이는 현아보다 딱지가 **약 100개** 더 많습니다.

개념 확인 1

색종이를 미나는 395장, 연서는 203장 가지고 있습니다. 395와 203을 어림하여 그림에 ○표 하고, 미나는 연서보다 색종이가 약 몇 장 더 많은지 어림셈으로 알아보세요.

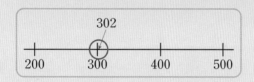

395를 몇백으로 어림하면 **약** ☐ 입니다.

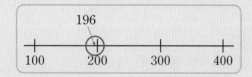

203을 몇백으로 어림하면 **약** ☐ 입니다.

어림셈 ☐ − ☐ = ☐ → 미나는 연서보다 색종이가 **약** ☐ 장 더 많습니다.

2 친구들이 806 − 399를 어림셈으로 계산하려고 합니다. ☐ 안에 알맞은 수를 써넣으세요.

806을 몇백으로 어림하면
약 ☐ 이야.

규민   준호

399를 몇백으로 어림하면
약 ☐ 이야.

➜ 어림셈으로 계산하면 ☐ − ☐ = ☐ 이므로 약 ☐ 입니다.

3 어림셈을 하기 위한 식에 색칠해 보세요.

(1) 897 − 102 ➜

900 − 100	800 − 100	800 − 200

(2) 502 − 195 ➜

600 − 100	600 − 200	500 − 200

4 여객선에 탄 어른과 어린이 수의 차가 100명보다 많은지 적은지 어림셈을 이용하여 알아보세요.

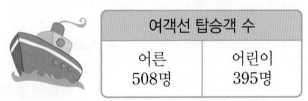

여객선 탑승객 수	
어른 508명	어린이 395명

(1) (몇백) − (몇백)으로 어림셈을 하여 어른과 어린이 수의 차를 구하세요.

어림셈 ☐ − ☐ = ☐

(2) 알맞은 말에 ○표 하세요.

여객선에 탄 어른의 수는 500명보다 (많은 , 적은) 508명이고,
여객선에 탄 어린이 수는 400명보다 (많은 , 적은) 395명이므로
여객선에 탄 어른과 어린이 수의 차는 100명보다 (많습니다 , 적습니다).

5 (세 자리 수)−(세 자리 수)(1)
▶ 받아내림이 없는 경우

개념 020쪽

01 수 모형을 보고 578−253을 계산해 보세요.

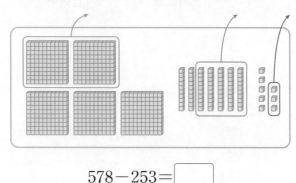

$$578-253=\boxed{}$$

02 계산해 보세요.

(1) 358−234

(2) 587−136

03 같은 것끼리 이어 보세요.

(1) 978−365 •   • 613

(2) 787−246 •   • 411

(3) 549−138 •   • 541

04 빈칸에 두 수의 차를 써넣으세요.

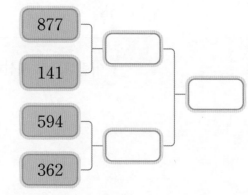

05 계산 결과를 오른쪽 칸에서 모두 찾아 색칠해 보세요.

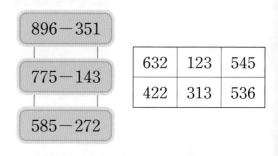

632	123	545
422	313	536

교과역량 콕! 문제해결 | 정보처리

06 정현이의 일기입니다. 오늘 정현이가 읽은 동화책은 몇 쪽인지 구하세요.

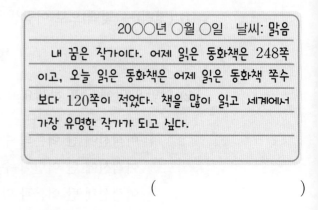

20○○년 ○월 ○일   날씨: 맑음

내 꿈은 작가이다. 어제 읽은 동화책은 248쪽이고, 오늘 읽은 동화책은 어제 읽은 동화책 쪽수보다 120쪽이 적었다. 책을 많이 읽고 세계에서 가장 유명한 작가가 되고 싶다.

(   )

교과역량 콕! 추론

07 도율이가 생각한 수를 구하세요.

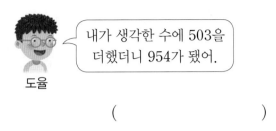

내가 생각한 수에 503을 더했더니 954가 됐어.

도율

( )

---

6 (세 자리 수)−(세 자리 수)(2)
개념 022쪽
▶ 받아내림이 한 번 있는 경우

08 〈보기〉와 같은 방법으로 계산해 보세요.

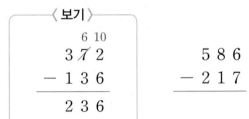

〈보기〉

$$\begin{array}{r} {\scriptstyle 6\ 10} \\ 3\ \not7\ 2 \\ -\ 1\ 3\ 6 \\ \hline 2\ 3\ 6 \end{array}$$

$$\begin{array}{r} 5\ 8\ 6 \\ -\ 2\ 1\ 7 \\ \hline \end{array}$$

09 도쿄 타워 높이와 에펠 탑 높이의 차는 몇 m인지 구하세요.

도쿄 타워	에펠 탑
333 m	324 m

☐−☐=☐(m)

---

10 빈칸에 알맞은 수를 써넣으세요.

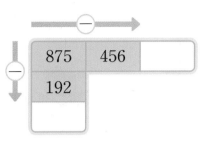

	875	456	
	192		

11 현우와 연서가 설명하는 두 수의 차를 구하세요.

100이 8개, 10이 3개, 1이 6개인 수

100이 2개, 10이 5개, 1이 4개인 수

현우

연서

( )

교과역량 콕! 문제해결

12 ☐ 안에 들어갈 수 있는 세 자리 수 중에서 가장 작은 수를 구하려고 합니다. 물음에 답하세요.

$$694-258<\square$$

(1) 알맞은 말에 ○표 하세요.

☐ 안에 들어갈 수 있는 세 자리 수는 694−258보다 (큽니다 , 작습니다).

(2) ☐ 안에 들어갈 수 있는 세 자리 수 중에서 가장 작은 수는 얼마인가요?

( )

13 그림을 보고 은행에서 우체국은 은행에서 병원보다 몇 m 더 멀리 떨어져 있는지 구하세요.

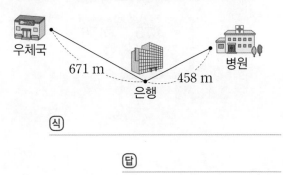

671 m   458 m

식

답

교과역량 콕! 추론

14 수 카드에 적힌 두 수를 더했더니 874가 되었습니다. ◆에 알맞은 세 자리 수는 얼마인지 구하세요.

293   ◆

(   )

7 **(세 자리 수)−(세 자리 수)**(3)
▶ 받아내림이 두 번 있는 경우   개념 024쪽

15 수 카드를 보고 632−149를 계산해 보세요.

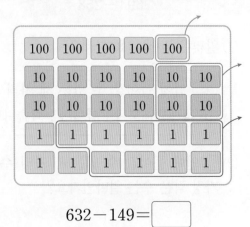

100	100	100	100	100
10	10	10	10	10	10
10	10	10	10	10	10
1	1	1	1	1	1
1	1	1	1	1	1

632−149 = ☐

16 빈칸에 알맞은 수를 써넣으세요.

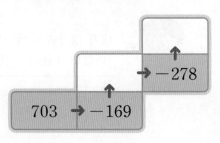

−278

703 → −169

17 수 모형이 나타내는 수보다 142만큼 더 작은 수를 구하세요.

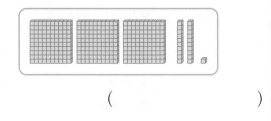

(   )

18 성준이가 학교 급식에서 먹은 음식의 **열량**입니다. 잡곡밥과 닭 감자조림 중에서 어느 것의 열량이 몇 **킬로칼로리** 더 높은지 차례로 쓰세요.

잡곡밥	냉이된장국	닭 감자조림

172	126	310

〈단위: 킬로칼로리〉

(,   )

어휘 톡! **열량**은 음식을 먹으면 몸속에서 발생하는 에너지의 양이고, **킬로칼로리**는 열량을 재는 단위야.

19 계산 결과가 가장 큰 것을 찾아 ○표 하세요.

625−347　（　　　）

942−657　（　　　）

713−426　（　　　）

8 뺄셈의 어림셈　개념 026쪽

22 혜정이는 색 테이프 408 cm 중에서 193 cm를 사용했습니다. 사용하고 남은 색 테이프는 약 몇 cm인지 어림셈으로 구한 값을 찾아 ○표 하세요.

| 약 100 cm | 약 200 cm | 약 300 cm |

20 연서와 민준이가 말한 수를 각각 쓰고, 더 작은 수를 말한 사람의 이름을 쓰세요.

연서: 452와 189의 차와 같아.
민준: 816보다 537만큼 더 작은 수야.

연서: [　]　　민준: [　]

（　　　　　）

23 바르게 어림한 친구의 이름을 쓰세요.

599−103은 500보다 클 것 같아.
주경

701−497은 200보다 클 것 같아.
준호

（　　　　　）

교과역량 쿡! 문제해결 | 추론

21 뺄셈식에 물감이 묻어 일부가 보이지 않습니다. 보이지 않는 숫자를 각각 구하세요.

```
    5  2  4
  − 3  7  ㉠
    1  ㉡  5
```

 ㉠: [　], ㉡: [　]

24 어제와 오늘 수족관에 방문한 사람 수입니다. 어제 방문한 사람은 오늘 방문한 사람보다 몇 명 더 많은지 어림셈으로 구하는 식을 쓰고, 계산해 보세요.

| 어제 | 799명 |
| 오늘 | 589명 |

식

답

1

계산에서 잘못된 곳을 찾아 바르게 계산하고, 그렇게 고친 이유를 쓰세요.

1단계 바르게 계산하기

$$
\begin{array}{r}
5\ 2\ 9 \\
+\ 3\ 4\ 3 \\
\hline
8\ 6\ 2
\end{array}
\quad\rightarrow\quad
\begin{array}{r}
5\ 2\ 9 \\
+\ 3\ 4\ 3 \\
\hline

\end{array}
$$

2단계 고친 이유 쓰기

일의 자리에서 ☐ 의 자리로 받아올림한 수가 있으므로 십의 자리 계산은

☐ +2+4= ☐ 이 되어야 합니다.

2

계산에서 잘못된 곳을 찾아 바르게 계산하고, 그렇게 고친 이유를 쓰세요.

1단계 바르게 계산하기

$$
\begin{array}{r}
2\ 7\ 5 \\
+\ 4\ 1\ 6 \\
\hline
6\ 8\ 1
\end{array}
\quad\rightarrow\quad
\begin{array}{r}
2\ 7\ 5 \\
+\ 4\ 1\ 6 \\
\hline

\end{array}
$$

2단계 고친 이유 쓰기

_____

_____

3

기차에 986명이 타고 있었는데 이번 역에서 442명이 내리고 372명이 새로 탔습니다. 지금 기차에 타고 있는 사람은 몇 명인지 풀이 과정을 쓰고, 답을 구하세요.

1단계 442명이 내린 후 기차에 남은 사람 수 구하기

442명이 내린 후 기차에 남은 사람은

986— ☐ = ☐ (명)입니다.

2단계 372명이 새로 탄 후 기차에 타고 있는 사람 수 구하기

따라서 지금 기차에 타고 있는 사람은

☐ +372= ☐ (명)입니다.

답 _____

4

지하철에 877명이 타고 있었는데 이번 역에서 254명이 내리고 196명이 새로 탔습니다. 지금 지하철에 타고 있는 사람은 몇 명인지 풀이 과정을 쓰고, 답을 구하세요.

1단계 254명이 내린 후 지하철에 남은 사람 수 구하기

_____

2단계 196명이 새로 탄 후 지하철에 타고 있는 사람 수 구하기

_____

_____

답 _____

5

어떤 수에 **145**를 더해야 할 것을 잘못하여 뺐더니
438이 되었습니다. 바르게 계산한 값은 얼마인지
풀이 과정을 쓰고, 답을 구하세요.

(1단계) 어떤 수 구하기

어떤 수를 ■라 하면 ■ − 145 = ☐ 이므로

■ = ☐ + 145 = ☐ 입니다.

(2단계) 바르게 계산한 값 구하기

따라서 바르게 계산한 값은

☐ + 145 = ☐ 입니다.

답 _____

6

어떤 수에 **227**을 더해야 할 것을 잘못하여 뺐더니
169가 되었습니다. 바르게 계산한 값은 얼마인지
풀이 과정을 쓰고, 답을 구하세요.

(1단계) 어떤 수 구하기

_____

_____

(2단계) 바르게 계산한 값 구하기

_____

_____

답 _____

7

준호가 주어진 수 카드를 한 번씩만 사용하여 세 자
리 수를 만들었습니다. **준호가 만든 수와 192의 차
는** 얼마인지 풀이 과정을 쓰고, 답을 구하세요.

나는 가장 큰 세 자리
수를 만들었어.

준호

(1단계) 준호가 만든 세 자리 수 구하기

준호가 만든 가장 큰 세 자리 수는

☐ 입니다.

(2단계) 준호가 만든 수와 192의 차 구하기

☐ − 192 = ☐

답 _____

8 창의형

주어진 수 카드를 한 번씩만 사용하여 세 자리 수를
만들고, **만든 수와 276의 차는** 얼마인지 구하려고
합니다. 풀이 과정을 쓰고, 답을 구하세요.

수 카드로 세 자리
수를 만들어 봐!

(1단계) 세 자리 수 만들기

내가 만든 세 자리 수는 ☐ 입니다.

(2단계) 내가 만든 수와 276의 차 구하기

☐ − 276 = ☐

답 _____

01 수 모형을 보고 264＋123을 계산해 보세요.

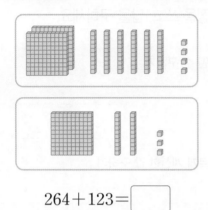

264＋123＝ ☐

02 ☐ 안에 알맞은 수를 써넣으세요.

$$
\begin{array}{r}
\square\ \square \\
8\ 7\ 1 \\
+\ 2\ 5\ 9 \\
\hline
\square\ \square\ \square\ \square
\end{array}
$$

[03~04] 계산해 보세요.

03 126＋745

04 781－254

05 빈칸에 두 수의 합을 써넣으세요.

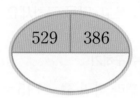

529 386

06 ☐ 안에 알맞은 수를 써넣으세요.

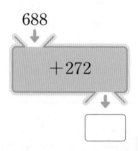

688
＋272

07 같은 것끼리 이어 보세요.

(1) 674－156 · · 611

(2) 958－347 · · 547

(3) 823－276 · · 518

08 그림을 보고 ☐ 안에 알맞은 수를 써넣으세요.

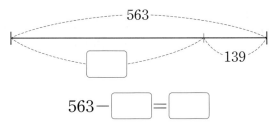

563 − ☐ = ☐

09 서윤이는 어제 줄넘기를 192번, 오늘 204번을 했습니다. 서윤이가 어제와 오늘 줄넘기를 약 몇 번 했는지 어림셈으로 구하세요.

( )

10 두 수의 합과 차를 각각 구하세요.

389   716

합 ( )

차 ( )

11 빈칸에 알맞은 수를 써넣으세요.

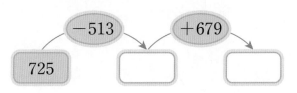

12 수 카드가 나타내는 수보다 145만큼 더 큰 수를 구하세요.

100	100	100
10	10
1	1	1	1	1	1

( )

13 계산 결과를 비교하여 ◯ 안에 >, =, <를 알맞게 써넣으세요.

729 − 354 ◯ 942 − 521

14 어느 가게에서 초콜릿을 지난주에 876개 팔았고, 이번 주에 547개 팔았습니다. 이 가게에서 지난주와 이번 주에 판 초콜릿은 모두 몇 개인가요?

식 _____

답 _____

15 길이가 399 cm인 색 테이프 중에서 101 cm를 사용했습니다. 사용하고 남은 색 테이프는 약 몇 cm인지 어림셈으로 구하세요.

( )

16 계산 결과가 가장 작은 것을 찾아 기호를 쓰세요.

> ㉠ 143＋155
> ㉡ 852－498
> ㉢ 922－619

( )

17 주어진 수 카드를 한 번씩만 사용하여 만들 수 있는 가장 큰 세 자리 수와 356의 차를 구하세요.

 2 9 4

( )

18 ☐ 안에 알맞은 수를 써넣으세요.

$$\begin{array}{r} 2\ 7\ 5 \\ +\ 5\ \square\ \square \\ \hline 7\ 9\ 3 \end{array}$$

19 KTX에 602명이 타고 있었습니다. 이번 역에서 176명이 내리고 243명이 새로 탔습니다. 지금 KTX에 타고 있는 사람은 몇 명인지 풀이 과정을 쓰고, 답을 구하세요.

풀이

답

20 어떤 수에 483을 더해야 할 것을 잘못하여 뺐더니 225가 되었습니다. 바르게 계산한 값은 얼마인지 풀이 과정을 쓰고, 답을 구하세요.

풀이

답

창의력 쑥쑥

현민이는 요즘 퍼즐 맞추는 취미가 생겼어요.

이번 퍼즐은 세계 지도 모양 퍼즐이네요!

빈 곳에 들어갈 퍼즐을 아래에서 찾아 보세요.

정답은 개념책 158쪽에서 확인하세요.

2

평면도형

학습을 끝낸 후
색칠하세요.

교과서
개념 잡기

수학익힘
문제 잡기

❶ 선분, 직선, 반직선
❷ 각, 직각

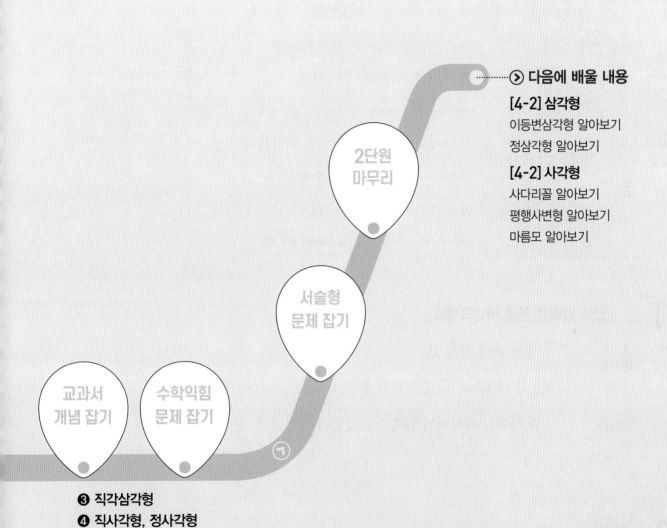

2단원
마무리

서술형
문제 잡기

교과서
개념 잡기

수학익힘
문제 잡기

❸ 직각삼각형
❹ 직사각형, 정사각형

교과서 개념 잡기

개념 강의

1 선분, 직선, 반직선

선분, 직선, 반직선 알아보기

(1) **선분**: 두 점을 곧게 이은 선

(2) **직선**: 선분을 양쪽으로 끝없이 늘인 곧은 선

(3) **반직선**: 한 점에서 시작하여 한쪽으로 끝없이 늘인 곧은 선

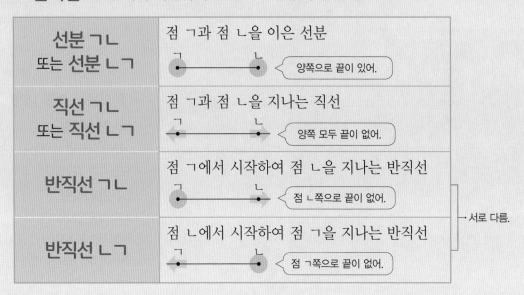

개념 확인 1 ☐ 안에 알맞은 말을 써넣으세요.

(1) ☐ : 두 점을 곧게 이은 선

(2) ☐ : 선분을 양쪽으로 끝없이 늘인 곧은 선

(3) ☐ : 한 점에서 시작하여 한쪽으로 끝없이 늘인 곧은 선

2 곧은 선과 굽은 선을 모두 찾아 기호를 쓰세요.

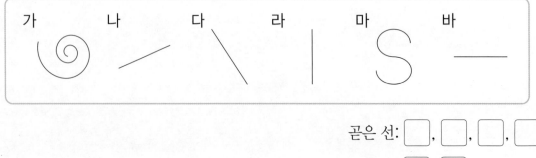

곧은 선: ☐ , ☐ , ☐ , ☐

굽은 선: ☐ , ☐

3 반직선 ㅁㅂ과 반직선 ㅂㅁ의 다른 점을 알아보세요.

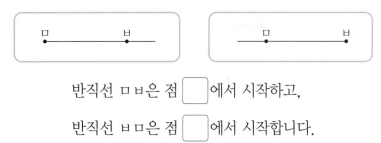

반직선 ㅁㅂ은 점 ☐에서 시작하고,

반직선 ㅂㅁ은 점 ☐에서 시작합니다.

4 이름에 알맞게 선을 그어 보세요.

(1) 직선 ㄱㄴ

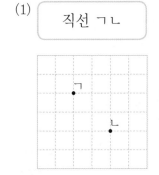

(2) 선분 ㄷㄹ

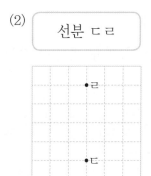

5 선분, 직선, 반직선을 각각 찾아 기호를 쓰세요.

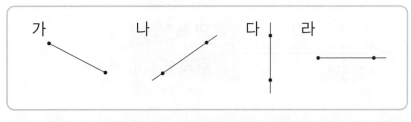

선분	직선	반직선

6 선분인지 직선인지 확인하여 알맞은 이름을 쓰세요.

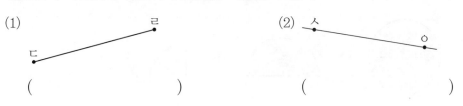

(1)　　　　　　　　　　　　　　　(2)

(　　　　　　　　)　　　　　　　(　　　　　　　　)

STEP 1 교과서 개념 잡기

② 각, 직각

각 알아보기

한 점에서 그은 두 반직선으로 이루어진 도형을 **각**이라고 합니다.

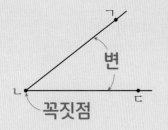

각의 이름	각 ㄱㄴㄷ 또는 각 ㄷㄴㄱ
각의 꼭짓점	점 ㄴ 꼭짓점이 가운데에 오도록 읽기
각의 변	변 ㄴㄱ, 변 ㄴㄷ

반직선 ㄴㄱ   반직선 ㄴㄷ

직각 알아보기

그림과 같이 반듯하게 두 번 접은 종이를 본뜬 각을 **직각**이라고 합니다.

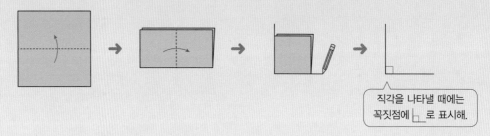

직각을 나타낼 때에는 꼭짓점에 ∟로 표시해.

개념 확인 1 ☐ 안에 알맞은 말을 써넣으세요.

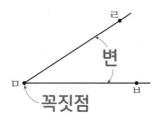

각의 이름	☐ 또는 각 ㅂㅁㄹ
각의 꼭짓점	점 ☐
각의 변	변 ㅁㄹ, ☐

개념 확인 2 ☐ 안에 알맞은 말을 써넣으세요.

그림과 같이 반듯하게 두 번 접은 종이를 본뜬 각을 ☐ 이라고 합니다.

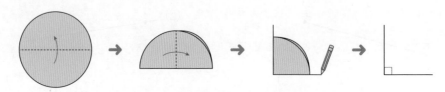

3 각을 모두 찾아 ○표 하세요.

(   )   (   )   (   )   (   )

4 도형에서 직각을 모두 찾아 ⌐ 로 표시해 보세요.

(1)

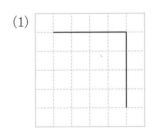

(2)

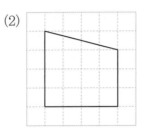

5 주어진 각을 완성해 보세요.

(1) 각 ㄱㄴㄷ

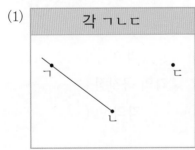

(2) 각 ㄹㅁㅂ

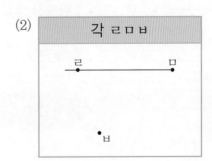

6 〈보기〉와 같이 삼각자를 이용하여 직각 ㄱㄴㄷ을 그려 보세요.

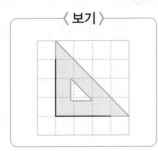
〈보기〉

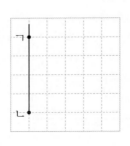

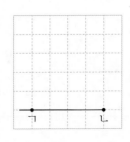

1 선분, 직선, 반직선   개념 040쪽

01 ☐ 안에 선분, 직선, 반직선 중에서 알맞은 말을 써넣으세요.

(1)
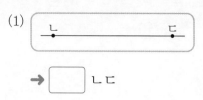

→ ☐ ㄴㄷ

(2)
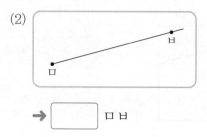

→ ☐ ㅁㅂ

02 관계있는 것끼리 이어 보세요.

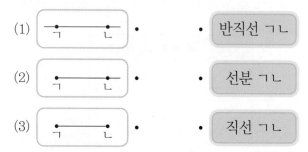

(1) ┌ ㄱ • ㄴ ┐ •   • 반직선 ㄱㄴ

(2) ┌ ㄱ • ㄴ ┐ •   • 선분 ㄱㄴ

(3) ┌ ㄱ • ㄴ ┐ •   • 직선 ㄱㄴ

03 주어진 점을 이용하여 선분 ㄷㄹ, 직선 ㅁㅂ, 반직선 ㅅㅇ을 각각 그어 보세요.

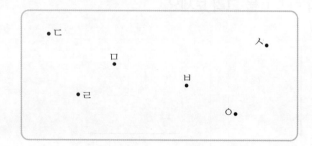

04 바르게 말한 사람의 이름을 쓰세요.

> 규민: 반직선 ㄷㄹ은 반직선 ㄹㄷ이라고 말할 수도 있어.
>
> 리아: 선분은 두 점을 잇는 가장 짧은 선이야.
>
> 연서: 직선은 한쪽으로 끝없이 늘인 곧은 선이야.

( )

2 각, 직각   개념 042쪽

05 그림을 보고 각의 이름, 꼭짓점, 변을 쓰세요.

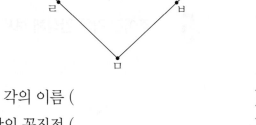

각의 이름 ( )
각의 꼭짓점 ( )
각의 변 ( )

06 직각을 모두 찾아 기호를 쓰세요.

가   나   다

( )

07 도형에서 각을 모두 찾아 ◯표 하고, 각이 몇 개 인지 쓰세요.

(1)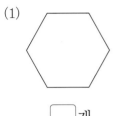

(2)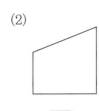

개   ◻개

10 세 점을 이용하여 각 ㄱㄴㄷ을 그려 보세요.

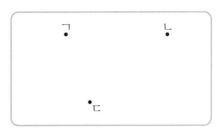

08 도형에서 직각을 모두 찾아 ◻ 로 표시하고, 직각이 몇 개인지 쓰세요.

(1) (2)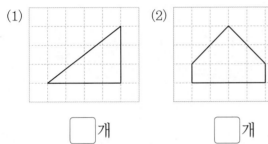

◻개   ◻개

힌트 톡톡  또는 ◇ 모양도 직각이야.

11 시계의 긴바늘과 짧은바늘이 이루는 작은 쪽의 각이 직각인 것을 찾아 ◯표 하세요.

( )   ( )   ( )

09 그림에서 직각을 그리기 위해 점 ㄱ과 이어야 하는 점을 찾아 쓰세요.

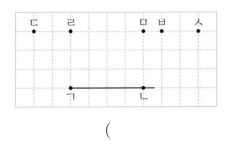

( )

12 그림을 보고 직각을 찾아 쓰세요.

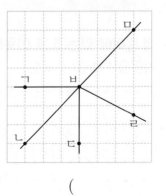

( )

개념 강의

③ 직각삼각형

직각삼각형 알아보기

한 각이 직각인 삼각형을 **직각삼각형**이라고 합니다.

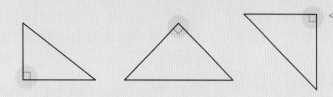

직각삼각형은 직각이 1개야.

점 종이에 직각삼각형 그리기

점 종이에 있는 점을 이용하여 직각을 먼저 그린 후 나머지 한 변을 그어 직각삼각형을 완성합니다.

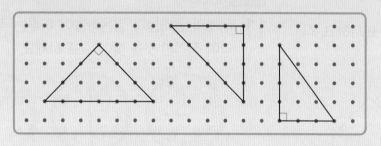

개념 확인 1

☐ 안에 알맞은 말을 써넣으세요.

한 각이 직각인 삼각형을 [   ]이라고 합니다.

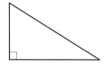 

개념 확인 2

점 종이에 있는 점을 이용하여 직각삼각형을 그리려고 합니다. 나머지 한 변을 그어 직각삼각형을 완성해 보세요.

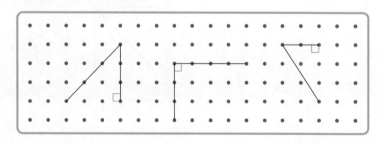

---

3 직각삼각형을 찾아 기호를 쓰세요.

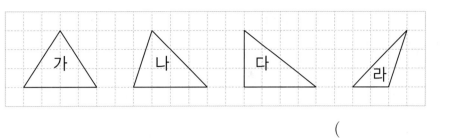

(   )

4 직각삼각형 모양의 물건을 찾아 ○표 하세요.

(   )   (   )   (   )

5 왼쪽 직각삼각형을 보고 점 종이에 똑같이 그려 보세요.

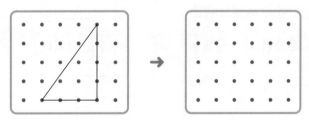

6 그어진 선분을 이용하여 직각삼각형을 3개 그려 보세요.

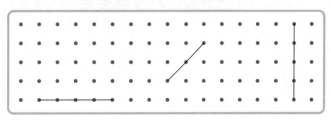

④ 직사각형, 정사각형

직사각형 알아보기

네 각이 모두 직각인 사각형을 **직사각형**이라고 합니다.

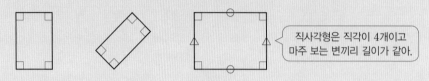

직사각형은 직각이 4개이고
마주 보는 변끼리 길이가 같아.

정사각형 알아보기

네 각이 모두 직각이고 **네 변의 길이가 모두 같은** 사각형을 **정사각형**이라고 합니다.

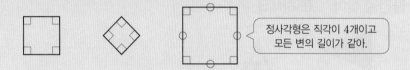

정사각형은 직각이 4개이고
모든 변의 길이가 같아.

직사각형과 정사각형의 관계

정사각형은 네 각이 모두 직각이므로 직사각형이라고 할 수 있습니다.

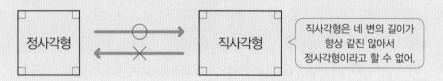

직사각형은 네 변의 길이가
항상 같진 않아서
정사각형이라고 할 수 없어.

개념 확인 1 ☐ 안에 알맞은 말을 써넣으세요.

네 각이 모두 직각인 사각형을 [   ]이라고 합니다.

개념 확인 2 ☐ 안에 알맞은 말을 써넣으세요.

네 각이 모두 직각이고 **네 변의 길이가 모두 같은** 사각형을 [   ]이라고 합니다.

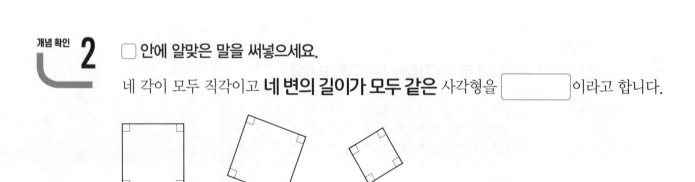

3 도형을 보고 물음에 답하세요.

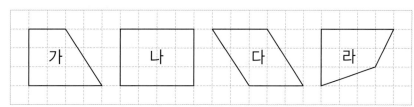

(1) 직사각형에는 직각이 모두 몇 개인가요?

(   )

(2) 직사각형을 찾아 기호를 쓰세요.

(   )

4 도형을 보고 ☐ 안에 알맞은 기호를 써넣으세요.

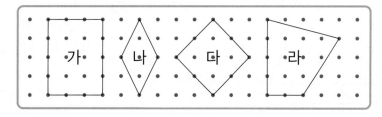

(1) 네 각이 모두 직각인 사각형은 ☐, ☐입니다.

(2) 네 변의 길이가 모두 같은 사각형은 ☐, ☐입니다.

(3) 네 각이 모두 직각이고 네 변의 길이가 모두 같은 사각형은 ☐입니다.

(4) 정사각형은 ☐입니다.

5 그어진 선분을 이용하여 직사각형과 정사각형을 완성해 보세요.

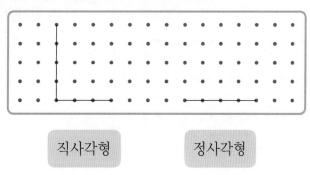

직사각형   정사각형

3 직각삼각형　　　　개념 046쪽

01 어떤 도형에 대한 설명인지 이름을 쓰세요.

> • 변이 3개, 꼭짓점이 3개입니다.
> • 각이 3개이고, 그중 한 각이 직각입니다.

(　　　　　　)

02 직각삼각형을 모두 찾아 기호를 쓰세요.

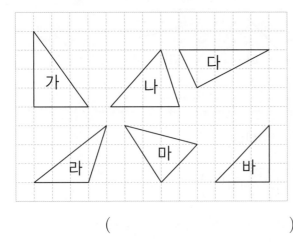

(　　　　　　)

03 모양과 크기가 다른 직각삼각형을 2개 그려 보세요.

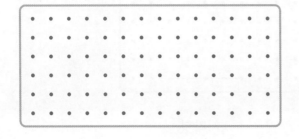

04 선분 ㄱㄴ을 이용하여 직각삼각형을 그리려고 합니다. 주어진 점 ㄱ과 점 ㄴ을 어느 점과 이어야 하나요? (　　　　)

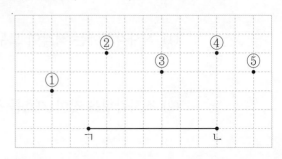

05 삼각형과 사각형을 이용하여 다음과 같은 모양을 만들었습니다. 만든 모양에서 직각삼각형을 모두 찾아 색칠해 보세요.

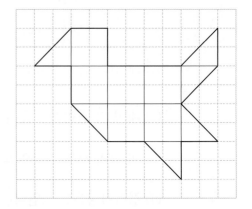

06 삼각자를 이용하여 주어진 선분을 한 변으로 하는 직각삼각형을 그려 보세요.

07 그림에서 직각삼각형은 모두 몇 개인지 쓰세요.

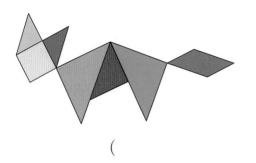

(   )

08 두 삼각형의 공통점을 바르게 설명한 것을 찾아 기호를 쓰세요.

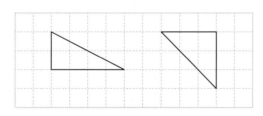

> ㉠ 한 각이 직각입니다.
> ㉡ 꼭짓점이 2개입니다.
> ㉢ 삼각형의 크기가 같습니다.

(   )

교과역량 콕! 문제해결 | 추론

09 〈보기〉와 같이 꼭짓점을 한 개만 옮겨서 직각 삼각형을 만들어 보세요.

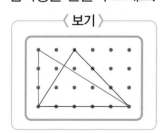
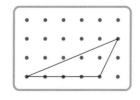

힌트 톡! 직각을 만들려면 꼭짓점을 어떻게 옮겨야 하는지 생각해 봐.

교과역량 콕! 문제해결 | 추론

10 선을 따라 잘랐을 때 생기는 삼각형 중에서 직각삼각형을 모두 찾아 기호를 쓰세요.

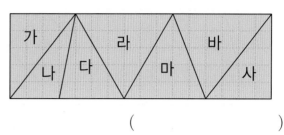

(   )

4 **직사각형, 정사각형** 개념 048쪽

11 어떤 도형에 대한 설명인지 이름을 쓰세요.

> • 변이 4개, 꼭짓점이 4개입니다.
> • 각이 4개이고, 모두 직각입니다.

(   )

12 직사각형 모양의 종이를 접고 자른 다음 펼쳤습니다. 만들어진 사각형의 이름을 쓰세요.

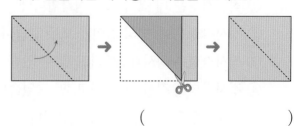

(   )

[13~14] 도형을 보고 물음에 답하세요.

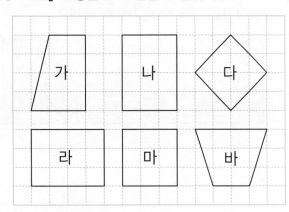

13 직사각형을 모두 찾아 기호를 쓰세요.

(   )

14 정사각형을 모두 찾아 기호를 쓰세요.

(   )

15 직사각형과 정사각형에 대한 설명으로 <u>틀린</u> 것은 어느 것인가요? (   )

① 직사각형은 네 각이 모두 직각입니다.

② 정사각형은 네 변의 길이가 모두 같습니다.

③ 직사각형은 정사각형이라고 할 수 있습니다.

④ 정사각형은 직사각형이라고 할 수 있습니다.

⑤ 직사각형은 꼭짓점이 4개 있습니다.

16 모양과 크기가 다른 2개의 직사각형을 그려 보세요.

17 현우가 다음 도형이 직사각형이 <u>아닌</u> 이유를 설명했습니다. ☐ 안에 알맞은 수를 써넣으세요.

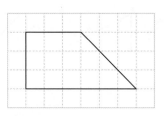

현우

직사각형에는 직각이 ☐개 있어야 하는데, 주어진 도형은 직각이 ☐개야.

18 한 변의 길이가 4 cm인 정사각형을 그려 보세요.

1 cm
1 cm

19 그림에서 찾을 수 있는 정사각형은 모두 몇 개
인지 구하세요.

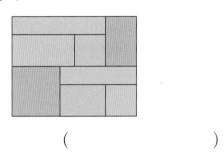

( )

20 다음 도형은 정사각형입니다. ☐ 안에 알맞은
수를 써넣으세요.

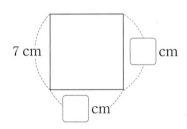

21 〈조건〉에 맞는 직사각형을 그려 보세요.

─── 〈조건〉 ───
긴 변이 짧은 변보다
2칸만큼 더 긴 직사각형

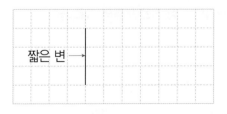

22 소림이가 끈을 겹치지 않게 사용하여 한 변의
길이가 9 cm인 정사각형을 만들었습니다. 소림
이가 정사각형을 만드는 데 사용한 끈은 모두
몇 cm일까요?

( )

23 한 변의 길이가 5 cm인 정사각형 2개를 그림과
같이 겹치지 않게 이어 붙여 직사각형을 만들었
습니다. 빨간색 선의 길이는 몇 cm일까요?

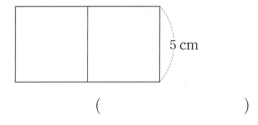

( )

힌트 톡! { 빨간색 선은 5 cm인 변이 몇 개인지 세어 봐.

24 도형에서 찾을 수 있는 크고 작은 직사각형은
모두 몇 개인지 구하세요.

(1) 사각형 1개로 이루어진 직사각형은 몇 개
인가요?

( )

(2) 사각형 2개로 이루어진 직사각형은 몇 개
인가요?

( )

(3) 크고 작은 직사각형은 모두 몇 개인가요?

( )

1

현우가 다음과 같이 선분을 그렸습니다. 현우가 **선분을 잘못 그린 이유**를 쓰세요.

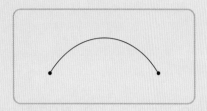

(이유) 선분을 잘못 그린 이유 설명하기

선분은 두 점을 곧게 이은 선인데 현우가 그린 도형은 [   ] 선이 아닌 굽은 선이기 때문입니다.

2

도율이가 다음과 같이 각을 그렸습니다. 도율이가 **각을 잘못 그린 이유**를 쓰세요.

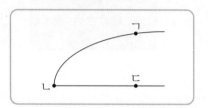

(이유) 각을 잘못 그린 이유 설명하기

_____

_____

_____

3

직각이 가장 많은 도형을 찾아 기호를 쓰려고 합니다. 풀이 과정을 쓰고, 답을 구하세요.

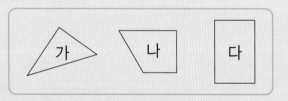

(1단계) 가, 나, 다에서 직각의 개수 각각 구하기

각각의 도형에서 직각을 찾아보면

가는 [ ]개, 나는 [ ]개, 다는 [ ]개입니다.

(2단계) 직각이 가장 많은 도형의 기호 쓰기

따라서 직각이 가장 많은 도형은 [ ]입니다.

(답) _____

4

직각이 가장 적은 도형을 찾아 기호를 쓰려고 합니다. 풀이 과정을 쓰고, 답을 구하세요.

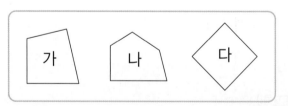

(1단계) 가, 나, 다에서 직각의 개수 각각 구하기

_____

_____

(2단계) 직각이 가장 적은 도형의 기호 쓰기

_____

_____

(답) _____

5

직사각형의 네 변의 길이의 합은 몇 cm인지 풀이 과정을 쓰고, 답을 구하세요.

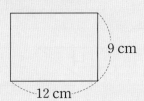

9 cm

12 cm

1단계 직사각형의 성질 알기

직사각형은 마주 보는 두 변의 길이가 (같습니다 , 다릅니다).

2단계 직사각형의 네 변의 길이의 합 구하기

따라서 직사각형의 네 변의 길이의 합은

$12+9+\boxed{}+\boxed{}=\boxed{}$ (cm)입니다.

 답

6

직사각형의 네 변의 길이의 합은 몇 cm인지 풀이 과정을 쓰고, 답을 구하세요.

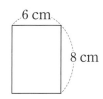

6 cm

8 cm

1단계 직사각형의 성질 알기

_____

_____

2단계 직사각형의 네 변의 길이의 합 구하기

_____

답

2
단원

7

현우는 철사를 겹치지 않게 사용하여 다음과 같은 사각형을 만들려고 합니다. 필요한 철사의 길이는 몇 cm인지 풀이 과정을 쓰고, 답을 구하세요.

현우

한 변의 길이가 3 cm인 정사각형을 만들래.

1단계 정사각형의 변의 길이 알아보기

현우가 만들려고 하는 정사각형은

$\boxed{}$ cm짜리 변이 $\boxed{}$ 개입니다.

2단계 필요한 철사의 길이 구하기

따라서 필요한 철사의 길이는

$\boxed{}\times\boxed{}=\boxed{}$ (cm)입니다.

답

8 창의형

주경이가 철사를 겹치지 않게 사용하여 다음과 같은 사각형을 만들려고 합니다. 필요한 철사의 길이는 몇 cm인지 풀이 과정을 쓰고, 답을 구하세요.

주경

한 변의 길이가 5 cm보다 긴 정사각형을 만들래.

1단계 정사각형의 변의 길이 알아보기

주경이가 만들려고 하는 정사각형은

$\boxed{}$ cm짜리 변이 $\boxed{}$ 개입니다.

2단계 필요한 철사의 길이 구하기

따라서 필요한 철사의 길이는

$\boxed{}\times\boxed{}=\boxed{}$ (cm)입니다.

답

01 ☐ 안에 알맞은 말을 써넣으세요.

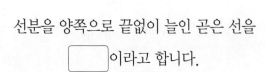

선분을 양쪽으로 끝없이 늘인 곧은 선을
☐ 이라고 합니다.

02 선분, 직선, 반직선 중에서 알맞은 이름을 쓰세요.

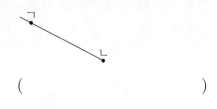

( )

03 각을 모두 찾아 ○표 하세요.

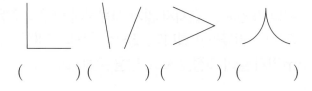

( ) ( ) ( ) ( )

04 그림을 보고 각의 이름, 꼭짓점, 변을 쓰세요.

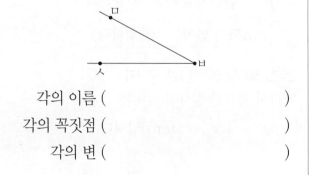

각의 이름 ( )

각의 꼭짓점 ( )

각의 변 ( )

[05~06] 도형을 보고 물음에 답하세요.

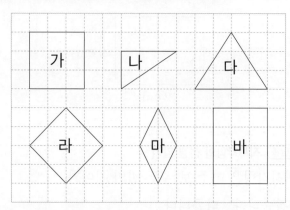

05 직각삼각형을 찾아 기호를 쓰세요.

( )

06 정사각형은 모두 몇 개인가요?

( )

07 도형을 보고 직각을 모두 찾아 └ 로 표시하고, 직각이 몇 개인지 쓰세요.

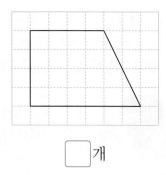

☐ 개

08 각의 수가 가장 적은 도형의 기호를 쓰세요.

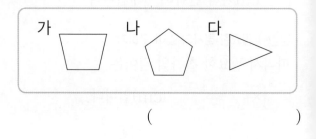

( )

09 직사각형에 대해 잘못 설명한 사람은 누구인가요?

( )

10 그어진 선분을 이용하여 직사각형을 2개 완성해 보세요.

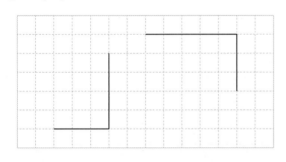

11 삼각자를 이용하여 주어진 선분을 한 변으로 하는 직각삼각형을 그려 보세요.

12 세 점을 이용하여 각 ㄹㅁㅂ을 그려 보세요.

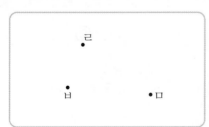

13 주어진 점을 이용하여 선분 ㅅㅇ, 직선 ㅈㅊ을 각각 그어 보세요.

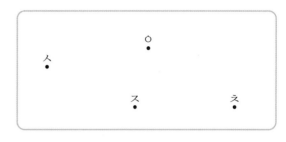

14 반직선 ㄴㄱ을 이용하여 직각을 그리기 위해 점 ㄴ과 이어야 하는 점을 찾아 쓰세요.

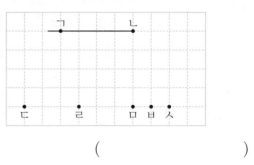

( )

15 크기가 다른 정사각형을 2개 그려 보세요.

16 〈보기〉와 같이 꼭짓점을 한 개만 옮겨서 직각 삼각형을 만들어 보세요.

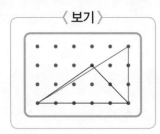
〈보기〉
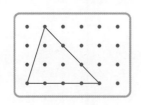

17 정사각형의 네 변의 길이의 합은 12 cm입니다. □ 안에 알맞은 수를 써넣으세요.

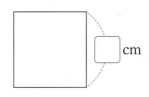

18 도형에서 찾을 수 있는 크고 작은 직사각형은 모두 몇 개인지 구하세요.

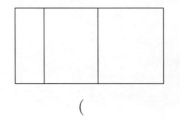

(   )

서술형

19 직각이 가장 많은 도형을 찾아 기호를 쓰려고 합니다. 풀이 과정을 쓰고, 답을 구하세요.

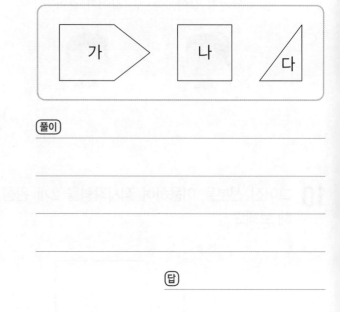

풀이

답

20 직사각형의 네 변의 길이의 합은 몇 cm인지 풀이 과정을 쓰고, 답을 구하세요.

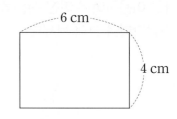

풀이

답

창의력 쑥쑥

민재가 직업과 과일을 나타내는 단어를 5개씩 숨겼어요.
숨긴 단어를 모두 찾아보세요~

〈 숨긴 단어 〉
의사, 소방관, 경찰관, 화가, 요리사
복숭아, 오렌지, 사과, 딸기, 파인애플

소	배	물	강	사	과	프	생	날
방	시	누	문	솔	래	화	가	재
관	나	의	사	도	민	호	오	조
당	주	아	숙	미	주	렌	태	말
속	숭	샐	레	경	지	마	나	도
복	단	비	고	찰	타	미	라	플
와	요	소	로	관	바	딸	샘	애
러	카	리	영	보	둔	명	기	인
대	무	두	사	내	미	두	구	파

정답은 개념책 158쪽에서 확인하세요.

3

나눗셈

학습을 끝낸 후
색칠하세요.

교과서
개념 잡기

수학익힘
문제 잡기

❶ 똑같이 나누기
❷ 곱셈과 나눗셈의 관계
❸ 나눗셈의 몫을 곱셈으로 구하기

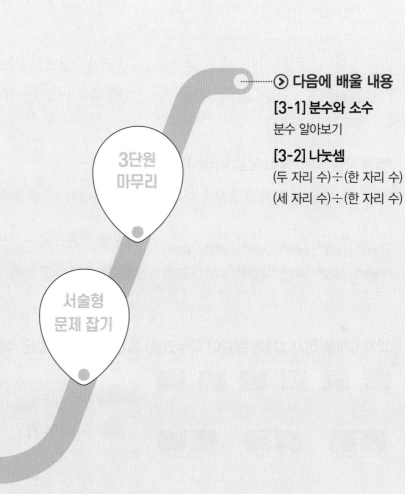

교과서 개념 잡기

개념 강의

① 똑같이 나누기

똑같이 나누어 주는 나눗셈

레몬 8개를 접시 4개에 똑같이 나누면 한 접시에 2개가 됩니다.

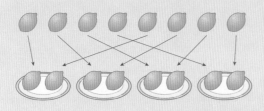

나눗셈식 $8 \div 4 = 2$ ◁ 8÷4와 같은 계산을 나눗셈이라 해.

읽기 8 나누기 4는 2와 같습니다.

8	÷	4	=	2
↓		↓		↓
나누어지는 수		나누는 수		몫

$8 \div 4 = 2$에서 2는
8을 4로 나눈 **몫**이라고 합니다.

뺄셈식을 나눗셈식으로 나타내기

사탕 12개를 한 명에게 2개씩 나누어 주면 6명에게 줄 수 있습니다. ┌ 12에서 2씩 6번 빼면 0이 돼.

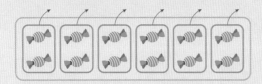

뺄셈식 $12 - 2 - 2 - 2 - 2 - 2 - 2 = 0$

나눗셈식 $12 \div 2 = 6$

개념 확인 1

과자 6개를 접시 3개에 똑같이 나누었습니다. ☐ 안에 알맞은 수를 써넣으세요.

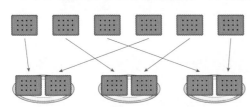

나눗셈식 $6 \div 3 = \boxed{}$

읽기 6 나누기 $\boxed{}$은 $\boxed{}$와 같습니다.

개념 확인 2

참외 21개를 한 명에게 7개씩 나누어 주려고 합니다. ☐ 안에 알맞은 수를 써넣으세요.

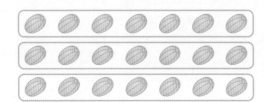

뺄셈식 $21 - \boxed{} - \boxed{} - \boxed{} = 0$

나눗셈식 $21 \div \boxed{} = \boxed{}$

3 나눗셈식을 보고 빈칸에 알맞은 수를 써넣으세요.

$$54 \div 9 = 6$$

나누어지는 수	나누는 수	몫

4 포도 10송이를 바구니 2개에 똑같이 나누어 담으려고 합니다. 바구니 한 개에 포도를 몇 송이씩 담을 수 있는지 바구니에 ○를 그리고, 답을 구하세요.

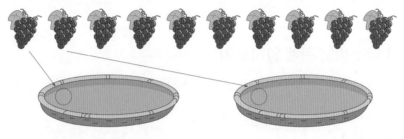

바구니 한 개에 포도를 ☐송이씩 담을 수 있습니다.

5 야구공 9개를 3개씩 묶고, 몇 묶음인지 나타내세요.

$$9 \div 3 = \boxed{}(묶음)$$

6 뺄셈식을 나눗셈식으로 나타내세요.

(1) $12 - 3 - 3 - 3 - 3 = 0$ → $12 \div 3 = \boxed{}$

(2) $30 - 5 - 5 - 5 - 5 - 5 - 5 = 0$ → $30 \div \boxed{} = \boxed{}$

교과서 개념 잡기

개념 강의

② 곱셈과 나눗셈의 관계

몇 묶음인지 나눗셈식으로 나타내기

공깃돌 15개는 5개씩 3묶음입니다.

곱셈식 $5 \times 3 = 15$ → 나눗셈식 $15 \div 5 = 3$

공깃돌 15개는 3개씩 5묶음입니다.

곱셈식 $3 \times 5 = 15$ → 나눗셈식 $15 \div 3 = 5$

곱셈과 나눗셈의 관계 알아보기

곱셈식은 나눗셈식으로, 나눗셈식은 곱셈식으로 나타낼 수 있습니다.

$3 \times 5 = 15$ ⟨ $15 \div 3 = 5$ / $15 \div 5 = 3$

$15 \div 3 = 5$ ⟨ $3 \times 5 = 15$ / $5 \times 3 = 15$

개념 확인 1 그림을 보고 ☐ 안에 알맞은 수를 써넣으세요.

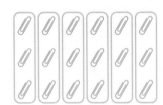

클립 18개는 6개씩 3묶음입니다.

곱셈식 $6 \times 3 = 18$ → 나눗셈식 $18 \div \boxed{} = \boxed{}$

클립 18개는 3개씩 6묶음입니다.

곱셈식 $3 \times 6 = 18$ → 나눗셈식 $18 \div \boxed{} = \boxed{}$

개념 확인 2 곱셈식은 나눗셈식으로, 나눗셈식은 곱셈식으로 나타내세요.

$4 \times 9 = 36$ ⟨ $36 \div \boxed{} = 9$ / $36 \div 9 = \boxed{}$

$36 \div 9 = 4$ ⟨ $\boxed{} \times 4 = 36$ / $\boxed{} \times 9 = 36$

3 초콜릿 12개를 똑같이 나누어 먹으려고 합니다. 물음에 답하세요.

(1) 초콜릿의 수를 곱셈식으로 나타내세요.

$$6 \times \boxed{} = 12, \ 2 \times \boxed{} = 12$$

(2) 6명이 똑같이 나누어 먹으려면 한 명이 몇 개씩 먹어야 하나요?

$$12 \div \boxed{} = \boxed{} \ \rightarrow \ \text{한 명이} \ \boxed{} \ \text{개씩 먹어야 합니다.}$$

(3) 2명이 똑같이 나누어 먹으려면 한 명이 몇 개씩 먹어야 하나요?

$$12 \div \boxed{} = \boxed{} \ \rightarrow \ \text{한 명이} \ \boxed{} \ \text{개씩 먹어야 합니다.}$$

4 지우개의 수를 곱셈식과 나눗셈식으로 나타내려고 합니다. 물음에 답하세요.

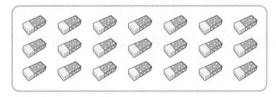

(1) 지우개의 수를 곱셈식으로 나타내세요.

$$7 \times \boxed{} = \boxed{}, \ 3 \times \boxed{} = \boxed{}$$

(2) 곱셈식을 나눗셈식으로 나타내세요.

$$21 \div 7 = \boxed{}, \ 21 \div \boxed{} = \boxed{}$$

5 곱셈식을 나눗셈식으로 나타낸 것을 찾아 이어 보세요.

(1) $4 \times 5 = 20$	(2) $8 \times 6 = 48$	(3) $9 \times 7 = 63$
•	•	•
•	•	•
$48 \div 6 = 8$	$63 \div 7 = 9$	$20 \div 5 = 4$

③ 나눗셈의 몫을 곱셈으로 구하기

16÷2의 몫을 곱셈식으로 구하기

16÷2의 몫은 2단 곱셈구구를 이용하여 구할 수 있습니다.

$16 \div 2 = \boxed{8}$

$2 \times \boxed{8} = 16$

> 2와 곱해서 16이 되는 곱셈식을 찾아.

12÷3의 몫을 곱셈표에서 찾기

곱셈표에서 **나누는 수 3**을 먼저 찾고, **곱이 12**인 곱셈식을 찾습니다.

×	1	2	3	4
1	1	2	3	4
2	2	4	6	8
3	3	6	9	12

3과 곱해서 12가 되는 수: 4

$3 \times \boxed{4} = 12 \rightarrow 12 \div 3 = \boxed{4}$

개념 확인 1

27÷9의 몫을 곱셈식으로 구하려고 합니다. ☐ 안에 알맞은 수를 써넣으세요.

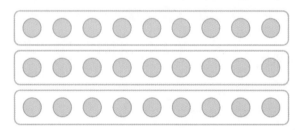

$27 \div 9 = \boxed{}$

$9 \times \boxed{} = 27$

개념 확인 2

18÷6의 몫을 곱셈표에서 찾으려고 합니다. ☐ 안에 알맞은 수를 써넣으세요.

×	3	4	5	6
4	12	16	20	24
5	15	20	25	30
6	18	24	30	36

6과 곱해서 18이 되는 수: $\boxed{}$

$6 \times \boxed{} = 18 \rightarrow 18 \div 6 = \boxed{}$

3 도넛 24개를 한 명에게 4개씩 나누어 주려고 합니다. 물음에 답하세요.

(1) 도넛을 4개씩 묶어 보고, ☐ 안에 알맞은 수를 써넣으세요.

> 도넛 24개는 4개씩 $24 \div 4 = $ ☐ (묶음)입니다.

(2) 나눗셈식의 몫을 구할 수 있는 곱셈식을 쓰세요.

$$4 \times \boxed{} = 24$$

(3) 도넛을 몇 명에게 나누어 줄 수 있나요?

$$24 \div 4 = \boxed{} \rightarrow \boxed{} \text{명에게 나누어 줄 수 있습니다.}$$

4 나눗셈의 몫을 구하는 데 필요한 곱셈식을 찾아 ○표 하세요.

(1)

$24 \div 8$	
$8 \times 3 = 24$	
$8 \times 4 = 32$	
$6 \times 4 = 24$	

(2)

$48 \div 6$	
$7 \times 6 = 42$	
$4 \times 8 = 32$	
$6 \times 8 = 48$	

5 나눗셈의 몫을 곱셈식을 이용하여 구하려고 합니다. 관계있는 것끼리 이어 보세요.

나눗셈식	곱셈식	몫
(1) $28 \div 7 = $ ☐	$9 \times$ ☐ $= 63$	9
(2) $45 \div 5 = $ ☐	$7 \times$ ☐ $= 28$	7
(3) $63 \div 9 = $ ☐	$5 \times$ ☐ $= 45$	4

3. 나눗셈   **067**

1 똑같이 나누기

개념 062쪽

01 나눗셈식을 읽고, 몫을 쓰세요.

$$54 \div 9 = 6$$

읽기 (   )

몫 (   )

02 클립 21개를 통 3개에 똑같이 나누어 담으려고 합니다. 통 한 개에 클립을 몇 개씩 담을 수 있는지 ☐ 안에 알맞은 수를 써넣으세요.

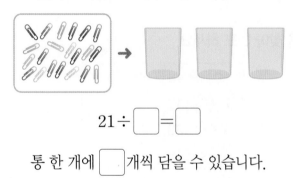

$$21 \div \boxed{} = \boxed{}$$

통 한 개에 ☐개씩 담을 수 있습니다.

03 ☐ 안에 알맞은 수를 써넣으세요.

(1) $10 - 5 - 5 = 0$ ➡ $10 \div \boxed{} = \boxed{}$

☐번

(2) $24 - 8 - 8 - 8 = 0$ ➡ $24 \div \boxed{} = \boxed{}$

☐번

04 금붕어 27마리를 어항 3개에 똑같이 나누어 넣으려고 합니다. ☐ 안에 알맞은 수를 써넣으세요.

어항 한 개에 금붕어를

☐마리씩 넣을 수 있습니다.

05 주어진 문장을 나눗셈식으로 바르게 나타낸 것에 색칠해 보세요.

젤리 56개를 한 명에게 8개씩 똑같이 나누어 주면 7명이 나누어 먹을 수 있습니다.

$$56 \div 8 = 7$$ $$56 \div 7 = 8$$

교과역량 콕! 문제해결 | 의사소통

06 $32 \div 8 = 4$에 알맞은 문제를 완성하고, 답을 구하세요.

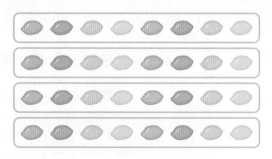

문제 떡 ☐개를 한 명에게 ☐개씩 주면 몇 명에게 나누어 줄 수 있을까요?

답

07 양파 40개를 한 망에 5개씩 넣으려고 합니다. 망이 몇 개 필요한지 나눗셈식을 쓰고, 답을 구하세요.

식

답

교과역량 콕! 추론 | 의사소통

08 색 테이프 7장으로 꽃 1송이를 만들 수 있습니다. 현우와 연서의 대화를 보고 연서의 말을 완성해 보세요.

현우: 색 테이프 35장으로 꽃을 몇 송이 만들 수 있는지 구하려고 뺄셈을 해 봤더니 $35-7-7-7-7-7=0$이었어.

연서: 나눗셈식으로 나타내면 ▢ ÷ ▢ = ▢ 이고, 꽃을 ▢ 송이 만들 수 있어.

09 꽃 12송이를 같은 모양의 화분에 똑같이 나누어 심으려고 합니다. 가 화분 한 개와 나 화분 한 개에 각각 심을 수 있는 꽃은 몇 송이인지 구하세요.

가 화분: ▢ 송이, 나 화분: ▢ 송이

2 **곱셈과 나눗셈의 관계**　개념 064쪽

10 곱셈식을 나눗셈식으로 나타내세요.

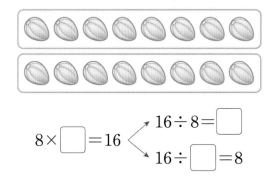

$8 \times \boxed{} = 16$　$16 \div 8 = \boxed{}$
　　　　　　　$16 \div \boxed{} = 8$

11 곱셈식은 나눗셈식으로, 나눗셈식은 곱셈식으로 나타내세요.

(1) $3 \times 9 = 27$　$\boxed{} \div \boxed{} = \boxed{}$
　　　　　　　　$\boxed{} \div \boxed{} = \boxed{}$

(2) $54 \div 6 = 9$　$\boxed{} \times \boxed{} = \boxed{}$
　　　　　　　　$\boxed{} \times \boxed{} = \boxed{}$

12 학급 게시판에 친구들의 사진이 걸려 있습니다. 그림을 보고 ▢ 안에 알맞은 수를 써넣으세요.

$8 \times \boxed{} = 24$　$24 \div 8 = \boxed{}$

$3 \times \boxed{} = \boxed{}$　$24 \div \boxed{} = \boxed{}$

13 꽃의 수에 알맞은 곱셈식을 쓰고, 곱셈식을 2개의 나눗셈식으로 나타내세요.

곱셈식

나눗셈식 _____ , _____

교과역량 콕! 문제해결 | 정보처리
14 문장에 알맞은 곱셈식을 쓰고, 곱셈식을 2개의 나눗셈식으로 나타내세요.

> 상자에 오렌지가
> 9개씩 7줄 놓여 있습니다.

곱셈식

나눗셈식 _____ , _____

3 나눗셈의 몫을 곱셈으로 구하기   개념 066쪽

15 나눗셈의 몫을 구하세요.

(1) $32 \div 8$

(2) $40 \div 5$

(3) $56 \div 7$

(4) $81 \div 9$

16 ☐ 안에 알맞은 수를 써넣으세요.

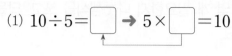

(1) $10 \div 5 = \boxed{} \rightarrow 5 \times \boxed{} = 10$

(2) $32 \div 4 = \boxed{} \rightarrow 4 \times \boxed{} = 32$

(3) $45 \div 9 = \boxed{} \rightarrow 9 \times \boxed{} = 45$

17 곱셈표에서 색칠된 칸을 보고 다음 나눗셈의 몫을 구하세요.

×	2	3	4	5	6	7	8
5	10	15	20	25	30	35	40
6	12	18	24	30	36	42	48
7	14	21	28	35	42	49	56
8	16	24	32	40	48	56	64

(1) $24 \div 6 \rightarrow$ 몫 (   )

(2) $42 \div 7 \rightarrow$ 몫 (   )

18 빈칸에 알맞은 수를 써넣으세요.

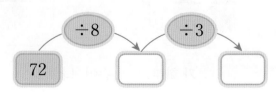

19 곱셈구구를 이용하여 나눗셈의 몫을 구하세요.

(1) | 27÷3 |

→ 이용할 곱셈구구: ☐ 단

→ 몫: ☐

(2) | 42÷6 |

→ 이용할 곱셈구구: ☐ 단

→ 몫: ☐

20 나눗셈의 몫을 곱셈식을 이용하여 구하려고 합니다. ☐ 안에 알맞은 수를 써넣으세요.

〈곱셈식〉
4×4=16   7×9=63
8×5=40   9×3=27

40÷8= ☐   63÷7= ☐

16÷4= ☐   27÷9= ☐

21 딸기 48개를 꼬치 막대 하나에 6개씩 끼우면 딸기 꼬치를 몇 개 만들 수 있는지 나눗셈식을 쓰고, 답을 구하세요.

식 _____

답 _____

22 칸에 적힌 나눗셈의 몫이 3인 것을 찾아 색칠하고, 나타나는 숫자를 쓰세요.

35÷5	27÷9	6÷2	3÷1	49÷7
42÷7	15÷5	81÷9	24÷8	36÷6
27÷3	18÷6	48÷6	9÷3	8÷2
4÷1	28÷4	30÷6	21÷7	10÷5
32÷8	56÷7	64÷8	12÷4	72÷9

(   )

23 몫이 가장 큰 나눗셈을 찾아 ○표 하세요.

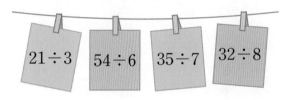

21÷3   54÷6   35÷7   32÷8

교과역량 콕! 문제해결 | 추론
24 〈보기〉의 수 중에서 하나를 ☐ 안에 써넣어 나눗셈식을 만들려고 합니다. 몫이 가장 큰 나눗셈식을 만들고, 몫을 구하세요.

〈보기〉
3, 4, 6, 8 | 24÷☐ |

나눗셈식

몫

1

길이가 40 cm인 색 테이프가 있습니다. 이 색 테이프를 한 도막이 **8 cm가 되도록** 자르면 몇 도막이 되는지 두 가지 방법으로 구하세요.

<---------40 cm--------->

방법1 뺄셈으로 해결하기

$40-8-8-\boxed{}-\boxed{}-\boxed{}=\boxed{}$ 이므로

$\boxed{}$ 도막이 됩니다.

방법2 나눗셈으로 해결하기

$40 \div 8 = \boxed{}$ 이므로 $\boxed{}$ 도막이 됩니다.

답

2

길이가 63 cm인 나무 막대가 있습니다. 이 나무 막대를 한 도막이 **9 cm가 되도록** 자르면 몇 도막이 되는지 두 가지 방법으로 구하세요.

<---------63 cm--------->

방법1 뺄셈으로 해결하기

_____

_____

방법2 나눗셈으로 해결하기

_____

답

3

붙임딱지 24장을 8명이 똑같이 나누어 가지려고 합니다. **한 명이 붙임딱지를 몇 장씩 가질 수 있는지** 곱셈식을 이용하는 풀이 과정을 쓰고, 답을 구하세요.

1단계 나눗셈의 몫을 구할 수 있는 곱셈식 찾기

$24 \div 8$의 몫을 구할 수 있는 곱셈식은

$8 \times \boxed{} = \boxed{}$ 입니다.

2단계 한 명이 가질 수 있는 붙임딱지의 수 구하기

$24 \div 8 = \boxed{}$ 이므로 한 명이 붙임딱지를

$\boxed{}$ 장씩 가질 수 있습니다.

답

4

자두 21개를 접시 3개에 똑같이 나누어 담으려고 합니다. **접시 한 개에 자두를 몇 개씩 담을 수 있는지** 곱셈식을 이용하는 풀이 과정을 쓰고, 답을 구하세요.

1단계 나눗셈의 몫을 구할 수 있는 곱셈식 찾기

_____

_____

2단계 접시 한 개에 담을 수 있는 자두의 수 구하기

_____

_____

답

5

연정이는 엄마와 함께 빵을 **9개씩 4줄** 만들었습니다. 이 빵을 한 봉지에 **6개씩** 담으려면 필요한 봉지는 몇 개인지 풀이 과정을 쓰고, 답을 구하세요.

(1단계) 만든 빵의 수 구하기

만든 빵은 9개씩 4줄이므로

$9 \times \boxed{} = \boxed{}$ (개)입니다.

(2단계) 필요한 봉지 수 구하기

한 봉지에 6개씩 담으려면 필요한 봉지는

$\boxed{} \div 6 = \boxed{}$ (개)입니다.

답 _____

6

서진이는 색종이를 **8장씩 3묶음** 가지고 있습니다. 이 색종이를 한 상자에 **6장씩** 담으려면 필요한 상자는 몇 개인지 풀이 과정을 쓰고, 답을 구하세요.

(1단계) 가지고 있는 색종이 수 구하기

_____

_____

(2단계) 필요한 상자 수 구하기

_____

_____

답 _____

7

주어진 수 중 **미나가 고른 세 수**로 곱셈식 1개와 나눗셈식 2개를 만들어 보세요.

| 9 | 35 | 7 | 5 | 27 |

난 35, 7, 5를 골랐어.

미나

(1단계) 미나가 고른 세 수로 곱셈식 만들기

미나가 고른 세 수 35, 7, 5로 만들 수 있는

곱셈식은 $7 \times \boxed{} = \boxed{}$ 입니다.

(2단계) 곱셈식으로 나눗셈식 만들기

곱셈식으로 만들 수 있는 나눗셈식은

$\boxed{} \div \boxed{} = 5$, $\boxed{} \div \boxed{} = \boxed{}$ 입니다.

8 창의형

주어진 수 중 **세 수를 골라** 곱셈식 1개와 나눗셈식 2개를 만들어 보세요.

| 6 | 8 | 56 | 7 | 42 |

고른 세 수로 곱셈식과 나눗셈식을 만들어 봐.

(1단계) 내가 고른 세 수로 곱셈식 만들기

내가 고른 세 수 $\boxed{}$, $\boxed{}$, $\boxed{}$ (으)로

만들 수 있는 곱셈식은 $\boxed{} \times \boxed{} = \boxed{}$ 입니다.

(2단계) 곱셈식으로 나눗셈식 만들기

곱셈식으로 만들 수 있는 나눗셈식은

$\boxed{} \div \boxed{} = \boxed{}$, $\boxed{} \div \boxed{} = \boxed{}$ 입니다.

[01~02] 과자 12개를 접시 3개에 똑같이 나누어 놓으려고 합니다. 물음에 답하세요.

01 과자 12개를 접시 3개에 똑같이 나누어 ○를 그려 보세요.

02 접시 한 개에 과자를 몇 개씩 놓을 수 있나요?

(   )

03 주어진 나눗셈을 읽고, 몫을 쓰세요.

$$32 \div 4 = 8$$

읽기 (   )

몫 (   )

04 뺄셈식을 보고 나눗셈식으로 나타내세요.

$$25 - 5 - 5 - 5 - 5 - 5 = 0$$

$25 \div 5 = \boxed{}$

05 곱셈식을 나눗셈식으로 나타내세요.

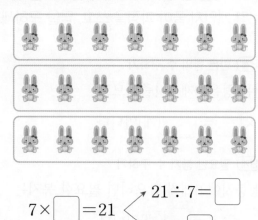

$7 \times \boxed{} = 21$

$21 \div 7 = \boxed{}$

$21 \div \boxed{} = 7$

06 $18 \div 3$의 몫을 구하는 데 필요한 곱셈식을 찾아 ○표 하세요.

| $3 \times 5 = 15$ | $9 \times 2 = 18$ | $3 \times 6 = 18$ |

(   )   (   )   (   )

07 곱셈구구를 이용하여 나눗셈의 몫을 구하세요.

$$45 \div 9$$

→ 이용할 곱셈구구: $\boxed{}$ 단

→ 몫: $\boxed{}$

08 □ 안에 알맞은 수를 써넣으세요.

$27 \div 3 = \boxed{} \rightarrow 3 \times \boxed{} = 27$

09 곱셈표를 이용하여 나눗셈의 몫을 구하세요.

×	3	4	5	6	7	8
4	12	16	20	24	28	32
5	15	20	25	30	35	40
6	18	24	30	36	42	48
7	21	28	35	42	49	56

$30 \div 6 = \boxed{}$, $40 \div 5 = \boxed{}$

10 곱셈식을 나눗셈식으로 나타내세요.

$8 \times 7 = 56$ ⟨ $\boxed{} \div \boxed{} = \boxed{}$
$\boxed{} \div \boxed{} = \boxed{}$

11 문장에 알맞은 곱셈식을 쓰고, 곱셈식을 2개의 나눗셈식으로 나타내세요.

> 우리 반에 친구들의 사물함이
> 7개씩 4줄 있습니다.

곱셈식

나눗셈식   ,

12 빈칸에 알맞은 수를 써넣으세요.

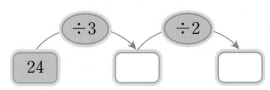

13 도넛 14개를 한 상자에 7개씩 나누어 담으면 몇 상자에 담을 수 있는지 알아보려고 합니다. 뺄셈식으로 바르게 나타낸 사람은 누구인지 쓰고, 나눗셈식으로 나타내세요.

> 혜민: $14 - 2 - 2 - 2 - 2 - 2 - 2 - 2 = 0$
> 유석: $14 - 7 - 7 = 0$

이름

나눗셈식

14 사탕의 수에 알맞은 곱셈식을 쓰고, 곱셈식을 2개의 나눗셈식으로 나타내세요.

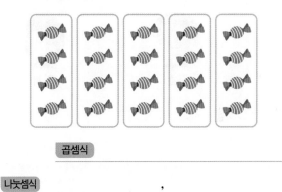

곱셈식

나눗셈식   ,

15 동화책 81권을 책꽂이 9칸에 똑같이 나누어 꽂으려고 합니다. 책꽂이 한 칸에 동화책을 몇 권씩 꽂으면 되는지 나눗셈식을 쓰고, 답을 구하세요.

식

답

16 몫이 가장 큰 나눗셈을 찾아 기호를 쓰세요.

> ㉠ 64÷8
> ㉡ 54÷6
> ㉢ 30÷5

( )

17 똑같이 나누어 가졌을 때 한 명이 가질 수 있는 지우개가 더 적은 사람은 누구인가요?

지우개 48개를 6명이 똑같이 나누어 가질래.

지우개 72개를 8명이 똑같이 나누어 가질래.

준호   연서

( )

18 희철이가 삼각형과 사각형을 여러 개 그렸습니다. 희철이가 그린 삼각형의 변은 모두 15개이고, 사각형의 변은 모두 12개입니다. 희철이가 그린 삼각형과 사각형은 각각 몇 개인지 구하세요.

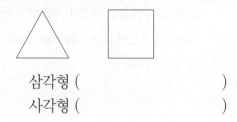

삼각형 ( )
사각형 ( )

서술형

19 길이가 45 cm인 털실이 있습니다. 이 털실을 한 도막이 5 cm씩 되도록 자르면 몇 도막이 되는지 두 가지 방법으로 구하세요.

45 cm

방법 1

방법 2

답

20 승우는 엄마와 함께 초콜릿을 3개씩 6줄 만들었습니다. 이 초콜릿을 한 봉지에 2개씩 담으려면 필요한 봉지는 몇 개인지 풀이 과정을 쓰고, 답을 구하세요.

풀이

답

서율이는 키가 쑥쑥 크려고 요가를 하고 있어요.

요가를 하면 면역력도 높아지고 성장 발달에도 좋으니까 친구들도 따라 해 보세요!

엇? 그런데 서율이의 모습은 보이지 않고 그림자만 보이네요.

그림자를 보고 어떤 동작인지 맞춰 볼까요?

정답은 개념책 158쪽에서 확인하세요.

4

곱셈

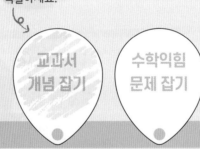

학습을 끝낸 후
색칠하세요.

교과서
개념 잡기

수학익힘
문제 잡기

❶ (두 자리 수)×(한 자리 수) (1)
❷ (두 자리 수)×(한 자리 수) (2)

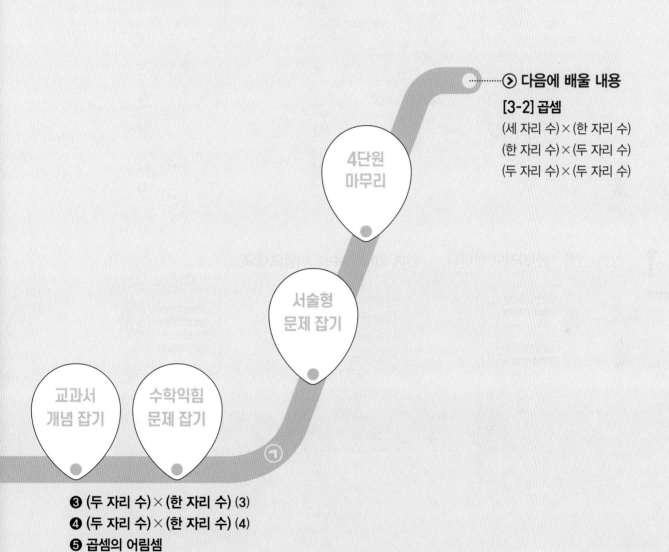

⊙ 다음에 배울 내용

[3-2] 곱셈
(세 자리 수) × (한 자리 수)
(한 자리 수) × (두 자리 수)
(두 자리 수) × (두 자리 수)

4단원
마무리

서술형
문제 잡기

교과서
개념 잡기

수학익힘
문제 잡기

❸ (두 자리 수) × (한 자리 수) (3)
❹ (두 자리 수) × (한 자리 수) (4)
❺ 곱셈의 어림셈

개념 강의

① (두 자리 수) × (한 자리 수) (1) ▶ 올림이 없는 경우

13 × 3 계산하기

일의 자리 계산 $3 \times 3 = 9$와 십의 자리 계산 $10 \times 3 = 30$을 더합니다.

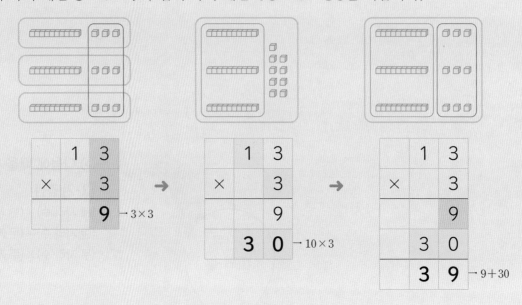

개념 확인 1

21×2를 계산하려고 합니다. ☐ 안에 알맞은 수를 써넣으세요.

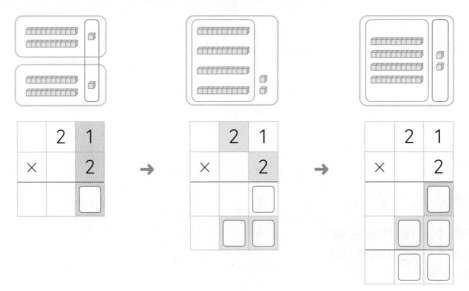

2 ☐ 안에 알맞은 수를 써넣으세요.

(1)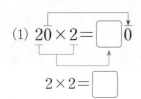

(2)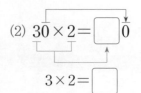

3 수 모형을 보고 12×4를 계산하려고 합니다. ☐ 안에 알맞은 수를 써넣으세요.

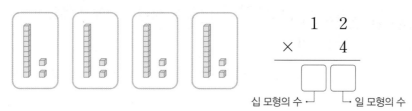

$$
\begin{array}{r}
1\ 2 \\
\times\quad 4 \\
\hline
\boxed{}\ \boxed{}
\end{array}
$$

십 모형의 수 → ☐ ← 일 모형의 수

4 그림을 보고 ☐ 안에 알맞은 수를 써넣으세요.

(1)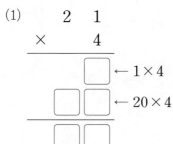

$10 \times \boxed{} = \boxed{}$

(2)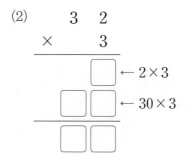

$30 \times \boxed{} = \boxed{}$

5 ☐ 안에 알맞은 수를 써넣으세요.

(1)
$$
\begin{array}{r}
2\ 1 \\
\times\quad 4 \\
\hline
\boxed{} \leftarrow 1\times4 \\
\boxed{}\ \boxed{} \leftarrow 20\times4 \\
\hline
\boxed{}\ \boxed{}
\end{array}
$$

(2)
$$
\begin{array}{r}
3\ 2 \\
\times\quad 3 \\
\hline
\boxed{} \leftarrow 2\times3 \\
\boxed{}\ \boxed{} \leftarrow 30\times3 \\
\hline
\boxed{}\ \boxed{}
\end{array}
$$

6 계산해 보세요.

(1) 10×5

(2) 40×2

(3)
$$
\begin{array}{r}
1\ 1 \\
\times\quad 6 \\
\hline
\end{array}
$$

(4)
$$
\begin{array}{r}
3\ 1 \\
\times\quad 3 \\
\hline
\end{array}
$$

개념 강의

STEP 1 교과서 개념 잡기

② (두 자리 수)×(한 자리 수) (2) ▶ 십의 자리에서 올림이 있는 경우

41 × 4 계산하기

일의 자리 계산 1 × 4 = 4와 십의 자리 계산 40 × 4 = 160을 더합니다.

		4	1
	×		4
			4	→ 1×4

→

		4	1
	×		4
			4
	1	6	0	→ 40×4

→

		4	1
	×		4
			4
	1	6	0
	1	6	4	→ 4+160

```
  4 1
×   4
─────
1 6 4
```
일의 자리 계산과
십의 자리 계산을
한 줄에 쓸 수도 있어.

개념 확인 1

62 × 3을 계산하려고 합니다. ☐ 안에 알맞은 수를 써넣으세요.

		6	2
	×		3
			☐

→

		6	2
	×		3
			☐
	☐	☐	☐

→

		6	2
	×		3
			☐
	☐	☐	☐
	☐	☐	☐

2

71 × 2를 수 모형을 이용하여 구하려고 합니다. ☐ 안에 알맞은 수를 써넣으세요.

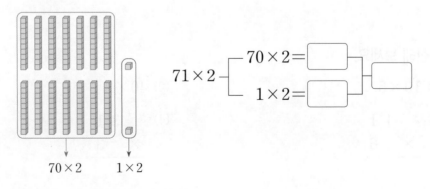

$$71 \times 2 \begin{cases} 70 \times 2 = \boxed{} \\ 1 \times 2 = \boxed{} \end{cases} \boxed{}$$

70×2   1×2

3 32×4를 어떻게 계산하는지 수 모형으로 알아보려고 합니다. ☐ 안에 알맞은 수를 써넣으세요.

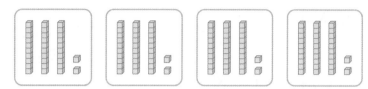

(1) 일 모형이 나타내는 수를 곱셈식으로 나타내면 ☐ $\times 4 =$ ☐ 입니다.

(2) 십 모형이 나타내는 수를 곱셈식으로 나타내면 ☐ $\times 4 =$ ☐ 입니다.

(3) $32 \times 4 =$ ☐

4 ☐ 안에 알맞은 수를 써넣으세요.

(1)
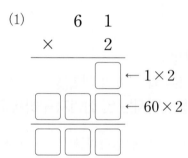

(2)
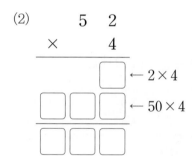

5 계산해 보세요.

(1)
$$\begin{array}{r} 5\ 3 \\ \times\quad 3 \\ \hline \end{array}$$

(2)
$$\begin{array}{r} 7\ 4 \\ \times\quad 2 \\ \hline \end{array}$$

(3)
$$\begin{array}{r} 3\ 1 \\ \times\quad 7 \\ \hline \end{array}$$

6 빈칸에 알맞은 수를 써넣으세요.

(1)
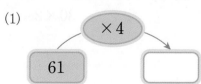

(2)
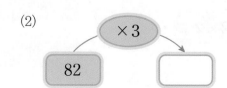

1 (두 자리 수) × (한 자리 수)(1)
▶ 올림이 없는 경우

개념 080쪽

01 수 모형을 보고 30 × 3을 계산해 보세요.

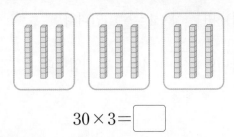

$$30 \times 3 = \boxed{}$$

02 빈칸에 알맞은 수를 써넣으세요.

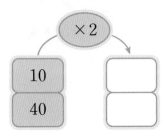

03 같은 것끼리 이어 보세요.

(1) 11×5 •

(2) 32×2 •

• 64

• 55

• 84

04 놀이동산에 한 번 운행할 때마다 12명이 탈 수 있는 기차가 있습니다. 이 기차가 3번 운행할 때 탈 수 있는 사람은 모두 몇 명일까요?

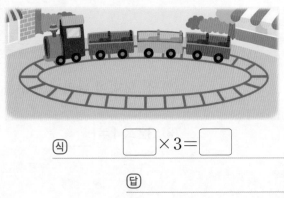

식 $\boxed{} \times 3 = \boxed{}$

답 _____

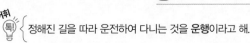
어휘 톡 정해진 길을 따라 운전하여 다니는 것을 운행이라고 해.

교과역량 콕! 문제해결 | 의사소통

05 현우와 리아의 대화를 보고 리아가 가지고 있는 붙임딱지는 몇 장인지 구하세요.

나는 붙임딱지를 23장 가지고 있어.

나는 너의 2배만큼 가지고 있어.

현우   리아

(   )

교과역량 콕! 추론

06 ☐ 안에 들어갈 수 있는 두 자리 수 중 가장 작은 수를 구하세요.

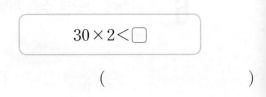

$$30 \times 2 < \boxed{}$$

(   )

2 (두 자리 수)×(한 자리 수)(2)
▶ 십의 자리에서 올림이 있는 경우
개념 082쪽

07 계산해 보세요.

(1) 52×2

(2) 81×4

(3) 74×2

08 빈칸에 알맞은 수를 써넣으세요.

×	3	4
61		
82		

교과역량 콕! 문제해결 | 정보처리

09 42×4와 계산 결과가 같은 사람의 이름을 쓰세요.

| 52×3 | 21×5 | 84×2 |

규민   주경   연서

(   )

10 계산 결과를 비교하여 ○ 안에 >, =, <를 알맞게 써넣으세요.

(1) 63×3 ◯ 71×2

(2) 93×3 ◯ 82×4

11 줄넘기를 하영이는 83번씩 3일 동안 했고, 민우는 51번씩 5일 동안 했습니다. 누가 줄넘기를 몇 번 더 했는지 차례로 구하세요.

(,   )

12 철사를 겹치지 않게 사용하여 한 변의 길이가 42 cm인 정사각형을 만들었습니다. 정사각형을 만드는 데 사용한 철사의 길이는 몇 cm인지 구하세요.

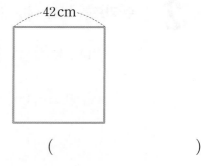

42 cm

(   )

STEP 1 교과서 개념 잡기

③ (두 자리 수) × (한 자리 수) (3) ▶ 일의 자리에서 올림이 있는 경우

16 × 3 계산하기

① 6 × 3 = 18에서 **8**을 일의 자리에 쓰고 **10은 십의 자리로 올림**합니다.

② 1 × 3 = 3과 일의 자리에서 올림한 **1을 더한 4**를 십의 자리에 씁니다.

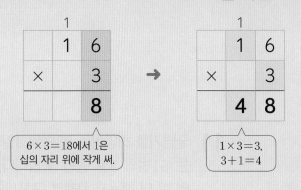

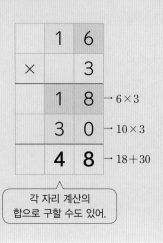

개념 확인 1

37 × 2를 계산하려고 합니다. ☐ 안에 알맞은 수를 써넣으세요.

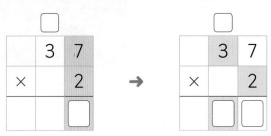

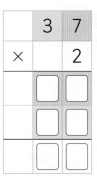

2 수 카드를 보고 14 × 3을 계산하려고 합니다. ☐ 안에 알맞은 수를 써넣으세요.

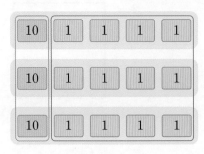

10 이 3개이면 ☐

1 이 12개이면 ☐

14 × 3 = ☐

3 18×3을 어떻게 계산하는지 수 모형으로 알아보려고 합니다. ☐ 안에 알맞은 수를 써넣으세요.

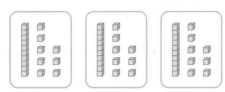

(1) 일 모형이 나타내는 수를 곱셈식으로 나타내면 ☐×3=☐입니다.

(2) 십 모형이 나타내는 수를 곱셈식으로 나타내면 ☐×3=☐입니다.

(3) 18×3=☐

4 ☐ 안에 알맞은 수를 써넣으세요.

(1)
```
    2 7
  ×   3
  ┌─┬─┐
  │ │ │←7×3
  ├─┼─┤
  │ │ │←20×3
  └─┴─┘
  ┌─┬─┐
  │ │ │
  └─┴─┘
```

(2)
```
    1 9
  ×   4
  ┌─┬─┐
  │ │ │←9×4
  ├─┼─┤
  │ │ │←10×4
  └─┴─┘
  ┌─┬─┐
  │ │ │
  └─┴─┘
```

5 ☐ 안에 알맞은 수를 써넣으세요.

(1)
```
      ┌─┐
      │ │
    4 6
  ×   2
  ─────
  ┌─┬─┐
  │ │ │
  └─┴─┘
```

(2)
```
      ┌─┐
      │ │
    2 5
  ×   3
  ─────
  ┌─┬─┐
  │ │ │
  └─┴─┘
```

6 계산해 보세요.

(1)
```
    1 2
  ×   7
  ─────
```

(2)
```
    3 8
  ×   2
  ─────
```

(3)
```
    2 9
  ×   3
  ─────
```

④ (두 자리 수)×(한 자리 수) ⑷ ▶ 올림이 두 번 있는 경우

24×6 계산하기

① $4×6=24$에서 **4**를 일의 자리에 쓰고 **20**은 **십의 자리로 올림**합니다.

② $2×6=12$와 일의 자리에서 올림한 **2를 더한 14**를 십의 자리와 백의 자리에 씁니다.

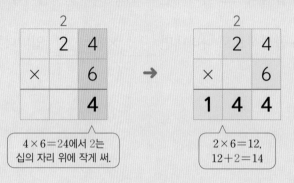

	2	
	2	4
×		6
		4

$4×6=24$에서 2는 십의 자리 위에 작게 써.

→

	2	
	2	4
×		6
1	**4**	**4**

$2×6=12$, $12+2=14$

	2	4
×		6
	2	4	→ $4×6$
1	2	0	→ $20×6$
1	**4**	**4**	→ $24+120$

개념 확인 1

$68×4$를 계산하려고 합니다. ☐ 안에 알맞은 수를 써넣으세요.

		☐	
		6	8
	×		4
			☐

→

	☐		
		6	8
	×		4
	☐	☐	☐

		6	8
	×		4
		☐	☐
	☐	☐	☐
	☐	☐	☐

---

2 수 카드를 보고 $34×4$를 계산하려고 합니다. ☐ 안에 알맞은 수를 써넣으세요.

10	10	10	1	1	1	1
10	10	10	1	1	1	1
10	10	10	1	1	1	1
10	10	10	1	1	1	1

$30×4=$ ☐

$4×4=$ ☐

$34×4=$ ☐

3 45×3을 어떻게 계산하는지 수 모형으로 알아보려고 합니다. ☐ 안에 알맞은 수를 써넣으세요.

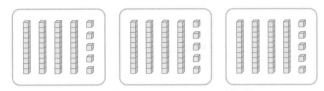

(1) 일 모형이 나타내는 수를 곱셈식으로 나타내면 ☐$\times 3=$☐입니다.

(2) 십 모형이 나타내는 수를 곱셈식으로 나타내면 ☐$\times 3=$☐입니다.

(3) $45 \times 3=$☐

4 ☐ 안에 알맞은 수를 써넣으세요.

(1)
$$\begin{array}{r} 5\ 6 \\ \times\quad 7 \\ \hline \end{array}$$
☐☐ ← 6×7
☐☐☐ ← 50×7
☐☐☐

(2)
$$\begin{array}{r} 8\ 5 \\ \times\quad 6 \\ \hline \end{array}$$
☐☐ ← 5×6
☐☐☐ ← 80×6
☐☐☐

5 ☐ 안에 알맞은 수를 써넣으세요.

(1)
☐
$$\begin{array}{r} 6\ 4 \\ \times\quad 4 \\ \hline \end{array}$$
☐☐☐

(2)
☐
$$\begin{array}{r} 7\ 3 \\ \times\quad 8 \\ \hline \end{array}$$
☐☐☐

6 계산해 보세요.

(1)
$$\begin{array}{r} 4\ 6 \\ \times\quad 3 \\ \hline \end{array}$$

(2)
$$\begin{array}{r} 6\ 3 \\ \times\quad 7 \\ \hline \end{array}$$

(3)
$$\begin{array}{r} 7\ 9 \\ \times\quad 5 \\ \hline \end{array}$$

5 곱셈의 어림셈

(몇십몇)×(몇)의 어림셈 하기

몇십몇을 **약 몇십**으로 어림하여 곱셈을 합니다.

리본 한 개를 만드는 데 끈이 28 cm 필요합니다.
똑같은 리본 8개를 만드는 데 필요한 끈은 약 몇 cm인지 어림셈으로 알아봅니다.

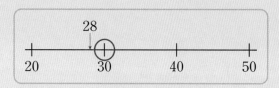

28을 몇십으로 어림하면 **약 30**입니다.

어림셈 $30 \times 8 = 240$ → 필요한 끈은 **약 240 cm**입니다.

개념 확인 1

상자 한 개를 포장하는 데 색 테이프 39 cm가 필요합니다. 39를 어림하여 그림에 ○표 하고, 상자 7개를 포장하는 데 필요한 색 테이프는 약 몇 cm인지 어림셈으로 알아보세요.

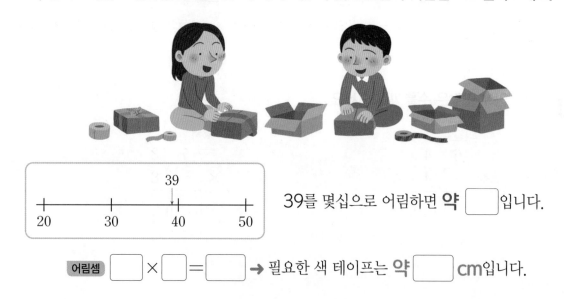

39를 몇십으로 어림하면 **약** ☐ 입니다.

어림셈 ☐ × ☐ = ☐ → 필요한 색 테이프는 **약** ☐ cm입니다.

2 리아가 61×6을 어림셈으로 계산하려고 합니다. ☐ 안에 알맞은 수를 써넣으세요.

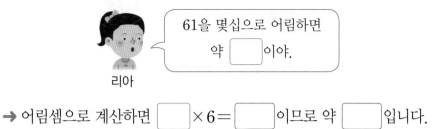

61을 몇십으로 어림하면
약 ☐ 이야.

리아

→ 어림셈으로 계산하면 ☐ $\times 6 =$ ☐ 이므로 약 ☐ 입니다.

3 어림셈하기 위한 식에 색칠해 보세요.

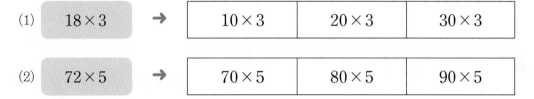

(1) 18×3 →

10×3	20×3	30×3

(2) 72×5 →

70×5	80×5	90×5

4 규민이가 두 수의 곱을 어림셈으로 계산했습니다. 실제 계산한 값은 어림셈한 결과보다 클지 작을지 알아보세요.

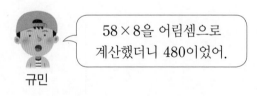

58×8을 어림셈으로
계산했더니 480이었어.

규민

(1) 58을 가장 가까운 몇십으로 어림하면 얼마인가요?

(   )

(2) 58×8을 (몇십) $\times 8$로 어림셈을 해 보세요.

어림셈   ☐ $\times 8 =$ ☐

(3) 알맞은 말에 ◯표 하세요.

58보다 (큰 , 작은) 60으로 어림하여 계산한 값이 480이므로
58×8을 실제 계산한 값은 480보다 (큽니다 , 작습니다).

3 (두 자리 수)×(한 자리 수)(3)
▶ 일의 자리에서 올림이 있는 경우

개념 086쪽

01 〈보기〉와 같은 방법으로 계산해 보세요.

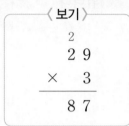

〈보기〉

$$\begin{array}{r} 2\\ 2\ 9 \\ \times\quad 3 \\ \hline 8\ 7 \end{array}$$

$$\begin{array}{r} 4\ 6 \\ \times\quad 2 \\ \hline \end{array}$$

02 빈칸에 알맞은 수를 써넣으세요.

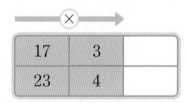

| 17 | 3 | |
| 23 | 4 | |

03 토마토를 한 바구니에 18개씩 5바구니에 담았습니다. 토마토는 모두 몇 개일까요?

(   )

04 ☐ 안에 알맞은 수를 써넣으세요.

$$\begin{array}{r} \boxed{}\ 8 \\ \times\quad 2 \\ \hline 9\ 6 \end{array}$$

힌트 톡!⟩ 일의 자리에서 받아올림한 수가 있는 것에 주의해.

4 (두 자리 수)×(한 자리 수)(4)
▶ 올림이 두 번 있는 경우

개념 088쪽

05 계산해 보세요.

(1) 36×4

(2) 29×5

(3) 56×3

06 빈칸에 알맞은 수를 써넣으세요.

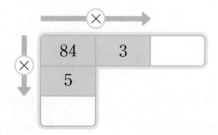

| 84 | 3 | |
| 5 | | |

07 곶감이 한 상자에 25개씩 5상자 있습니다. ☐ 안에 알맞은 수를 써넣으세요.

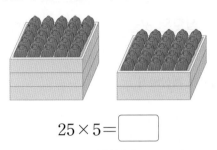

$$25 \times 5 = \boxed{}$$

곶감은 모두 ☐개입니다.

08 가장 큰 수와 가장 작은 수의 곱을 구하세요.

63	6	9	75

(   )

교과역량 콕! 추론

09 두 자리 수 중에서 가장 큰 수와 4의 곱을 구하려고 합니다. ☐ 안에 알맞은 수를 써넣고, 답을 구하세요.

두 자리 수 중에서 가장 큰 수는 ☐야.

그러면 ☐×4를 계산해 볼까?

미나   준호

(   )

---

5 **곱셈의 어림셈**   개념 090쪽

10 사탕이 한 상자에 63개씩 들어 있습니다. 3상자에 들어 있는 사탕은 약 몇 개인지 어림셈으로 구한 값을 찾아 ○표 하세요.

약 150개	약 180개	약 210개

11 지환이는 수학 문제를 하루에 29개씩 풀었습니다. 지환이가 일주일 동안 푼 수학 문제는 약 몇 개인지 어림셈으로 구하는 식을 쓰고, 계산해 보세요.

식 _____

답 _____

힌트 톡!톡! 일주일은 7일이야.

교과역량 콕! 문제해결 | 의사소통

12 은서가 하루 동안 접을 수 있는 종이학은 21개입니다. 은서가 5일 동안 접은 종이학은 약 몇 개인지 어림셈을 이용하여 구하세요.

(   )

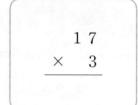

STEP 3 서술형 문제 잡기

1

계산에서 <u>잘못된</u> 곳을 찾아 바르게 계산하고, 그렇게 고친 이유를 쓰세요.

[1단계] 바르게 계산하기

```
    3 9          3 9
  ×   2    →   ×   2
  ─────        ─────
    6 8
```

[2단계] 고친 이유 쓰기

일의 자리 계산 $9 \times 2 = $ ☐ 에서 ☐ 의 자리로 올림한 수를 십의 자리 계산에 더해야 합니다.

2

계산에서 <u>잘못된</u> 곳을 찾아 바르게 계산하고, 그렇게 고친 이유를 쓰세요.

[1단계] 바르게 계산하기

```
    1 7          1 7
  ×   3    →   ×   3
  ─────        ─────
    3 1
```

[2단계] 고친 이유 쓰기

_____

_____

3

초콜릿이 **한 상자에 6개씩 3줄**로 있습니다. **4상자**에 들어 있는 초콜릿은 모두 몇 개인지 풀이 과정을 쓰고, 답을 구하세요.

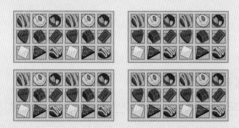

[1단계] 한 상자에 들어 있는 초콜릿 수 구하기

한 상자에 들어 있는 초콜릿은

$6 \times$ ☐ $=$ ☐ (개)입니다.

[2단계] 4상자에 들어 있는 초콜릿 수 구하기

따라서 4상자에 들어 있는 초콜릿은

☐ $\times 4 =$ ☐ (개)입니다.

답

4

과자가 **한 상자에 8개씩 3줄**로 있습니다. **7상자**에 들어 있는 **과자**는 모두 몇 개인지 풀이 과정을 쓰고, 답을 구하세요.

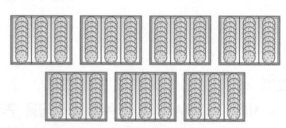

[1단계] 한 상자에 들어 있는 과자 수 구하기

_____

_____

[2단계] 7상자에 들어 있는 과자 수 구하기

_____

_____

답

5

어떤 수에 **4**를 곱해야 할 것을 잘못하여 더했더니 **25**가 되었습니다. 바르게 계산한 값은 얼마인지 풀이 과정을 쓰고, 답을 구하세요.

(1단계) 어떤 수 구하기

어떤 수를 ■라 하면 ■+4=□ 이므로

■=□−4=□ 입니다.

(2단계) 바르게 계산한 값 구하기

따라서 바르게 계산한 값은

□×4=□ 입니다.

(답)

6

어떤 수에 **7**을 곱해야 할 것을 잘못하여 더했더니 **29**가 되었습니다. 바르게 계산한 값은 얼마인지 풀이 과정을 쓰고, 답을 구하세요.

(1단계) 어떤 수 구하기

_____

_____

(2단계) 바르게 계산한 값 구하기

_____

_____

(답)

7

주경이가 고른 수 카드를 □ 안에 써넣고, 계산해 보세요.

7을 골랐어!
주경

$$3\ \square \times 3$$

(1단계) 곱셈식 만들기

주경이가 고른 수 카드의 수는 7이므로

곱셈식은 □×3입니다.

(2단계) 계산한 값 구하기

따라서 □×3=□ 입니다.

(답)

8 창의형

원하는 수 카드를 한 장 골라 □ 안에 써넣고, 계산해 보세요.

수 카드를 한 장 골라서 계산해 봐!

$$2\ \square \times 4$$

(1단계) 곱셈식 만들기

내가 고른 수 카드의 수는 □ 이므로 곱셈식은

□×4입니다.

(2단계) 계산한 값 구하기

따라서 □×4=□ 입니다.

(답)

01 수 모형을 보고 23×3을 계산해 보세요.

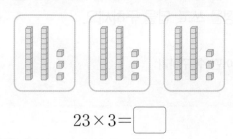

$$23 \times 3 = \boxed{}$$

02 ☐ 안에 알맞은 수를 써넣으세요.

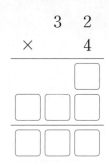

03 계산해 보세요.

(1)   4 7   (2)   6 5
    $\times$ 2 $\times$ 7

04 ☐ 안에 알맞은 수를 써넣으세요.

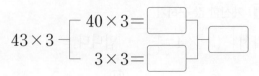

43×3 ⎧ $40 \times 3 = \boxed{}$ ⎱ $\boxed{}$
        ⎩ $3 \times 3 = \boxed{}$

05 빈칸에 알맞은 수를 써넣으세요.

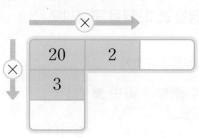

06 바르게 계산한 사람의 이름을 쓰세요.

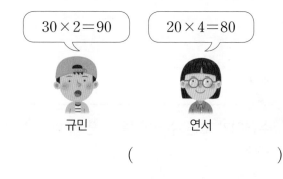

$30 \times 2 = 90$ $20 \times 4 = 80$

규민   연서

(   )

07 자두를 한 바구니에 10개씩 3바구니에 담았습니다. ☐ 안에 알맞은 수를 써넣으세요.

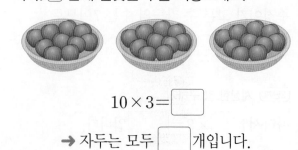

$$10 \times 3 = \boxed{}$$

➜ 자두는 모두 $\boxed{}$ 개입니다.

08 곱셈식에서 ☐ 안의 수 3이 실제로 나타내는 값은 얼마일까요?

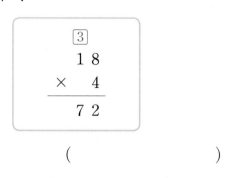

$$\begin{array}{r} \boxed{3} \\ 1\ 8 \\ \times \quad 4 \\ \hline 7\ 2 \end{array}$$

(   )

09 빈칸에 알맞은 수를 써넣으세요.

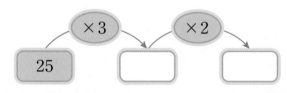

10 같은 것끼리 이어 보세요.

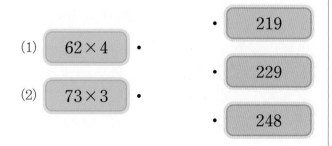

(1) 62 × 4 ·   · 219

                      · 229

(2) 73 × 3 ·   · 248

11 계산 결과를 비교하여 ○ 안에 >, =, <를 알맞게 써넣으세요

48 × 3 ◯ 23 × 5

12 가장 큰 수와 가장 작은 수의 곱을 구하세요.

| 58 | 4 | 9 | 62 |

(   )

13 주경이와 준호의 대화를 보고 준호가 가지고 있는 색종이는 몇 장인지 구하세요.

나는 색종이를 34장 가지고 있어.

나는 너의 2배만큼 가지고 있어.

주경   준호

(   )

14 감자가 한 상자에 35개씩 들어 있습니다. 4상자에 들어 있는 감자는 모두 몇 개일까요?

식 _____

답 _____

15 지영이는 하루에 윗몸 일으키기를 62개씩 했습니다. 지영이가 일주일 동안 한 윗몸 일으키기는 약 몇 개인지 어림셈으로 구하세요.

( )

16 ☐ 안에 알맞은 수를 써넣으세요.

$$
\begin{array}{r}
\boxed{}\ 7 \\
\times \quad 3 \\
\hline
8\ \ 1
\end{array}
$$

17 ☐ 안에 들어갈 수 있는 두 자리 수 중 가장 작은 수를 구하세요.

$$20 \times 4 < \boxed{}$$

( )

18 민재와 선아가 하루 동안 만든 종이꽃의 수입니다. 매일 같은 개수만큼 만들었을 때 두 사람이 3일 동안 만든 종이꽃은 모두 몇 개인지 구하세요.

민재	선아
24개	32개

( )

19 찹쌀떡이 한 상자에 7개씩 5줄로 들어 있습니다. 8상자에 들어 있는 찹쌀떡은 모두 몇 개인지 풀이 과정을 쓰고, 답을 구하세요.

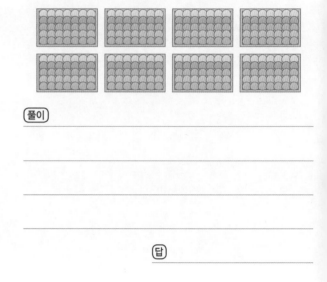

풀이

답

20 어떤 수에 8을 곱해야 할 것을 잘못하여 더했더니 36이 되었습니다. 바르게 계산한 값은 얼마인지 풀이 과정을 쓰고, 답을 구하세요.

풀이

답

창의력 쑥쑥

나는야 끝말잇기 고수~!
그림을 보고 알맞은 단어를 써 봐요.
단어는 모두 두 글자!

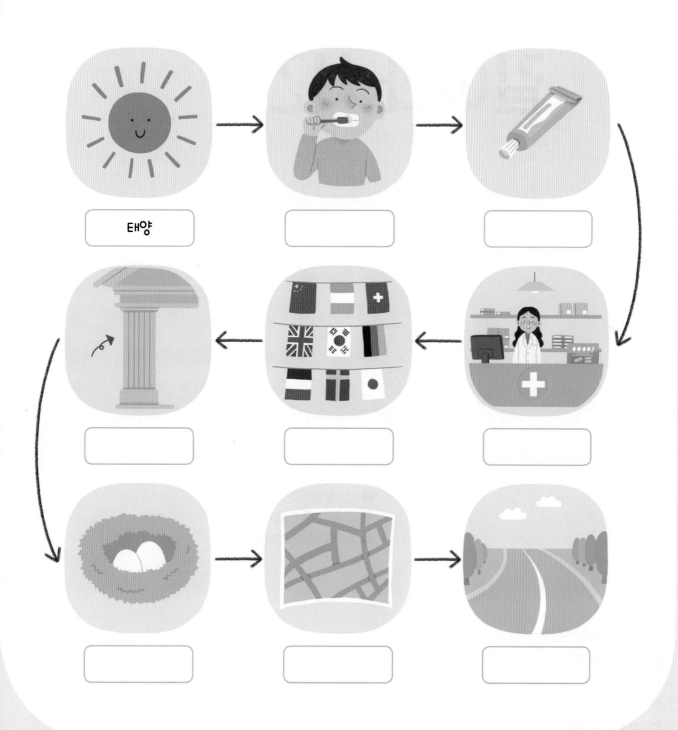

태양

정답은 개념책 158쪽에서 확인하세요.

5

길이와 시간

학습을 끝낸 후
색칠하세요.

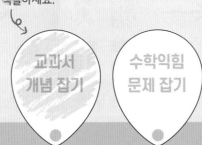

교과서
개념 잡기

수학익힘
문제 잡기

❶ cm보다 작은 단위
❷ m보다 큰 단위
❸ 길이 어림하고 재기

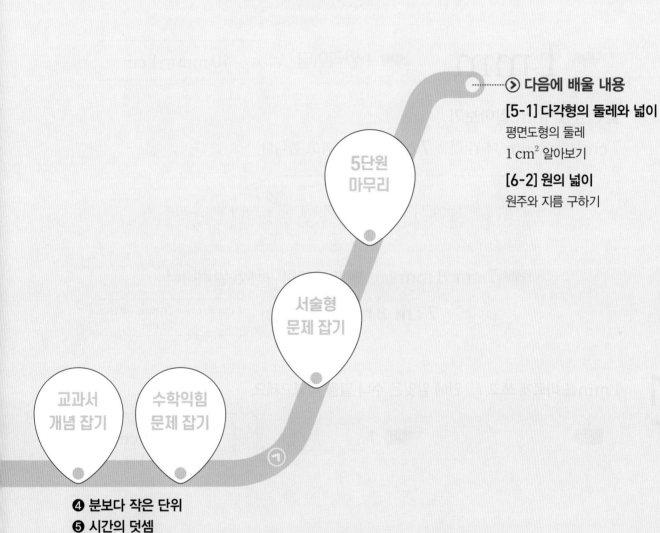

다음에 배울 내용

[5-1] 다각형의 둘레와 넓이
평면도형의 둘레
1 cm^2 알아보기

[6-2] 원의 넓이
원주와 지름 구하기

5단원
마무리

서술형
문제 잡기

교과서
개념 잡기

수학익힘
문제 잡기

❹ 분보다 작은 단위
❺ 시간의 덧셈
❻ 시간의 뺄셈

개념 강의

① cm보다 작은 단위

1 mm 알아보기

1 cm를 10칸으로 똑같이 나누었을 때 작은 눈금 한 칸의 길이를 **1 mm**라고 합니다.

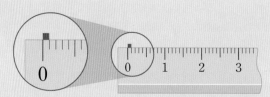

쓰기 $1\,mm$ 읽기 1 밀리미터 $10\,mm = 1\,cm$

몇 cm 몇 mm 알아보기

7 cm보다 8 mm 더 긴 것을 **7 cm 8 mm**라고 합니다.

쓰기 **7 cm 8 mm**   읽기 **7 센티미터 8 밀리미터**

$7\,cm\ 8\,mm = 78\,mm$ $\begin{aligned} 7\,cm\ 8\,mm &= 70\,mm + 8\,mm \\ &= 78\,mm \end{aligned}$

개념 확인 1

1 mm를 바르게 쓰고, ☐ 안에 알맞은 수나 말을 써넣으세요.

쓰기 _____   읽기 1 ☐   ☐ mm = 1 cm

개념 확인 2

크레파스의 길이를 알아보세요.

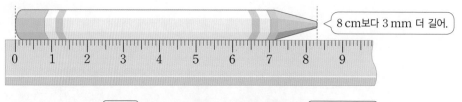

8 cm보다 3 mm 더 길어.

쓰기 8 cm 3 ☐   읽기 8 센티미터 3 ☐

8 cm 3 mm = ☐ mm

3 주어진 길이를 쓰고, 읽어 보세요.

(1) 5 mm
쓰기
읽기 (   )

(2) 9 cm 4 mm
쓰기
읽기 (   )

4 ☐ 안에 알맞은 수를 써넣으세요.

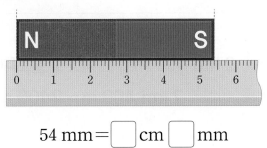

54 mm = ☐ cm ☐ mm

5 나무 막대의 길이를 자로 재어 보세요.

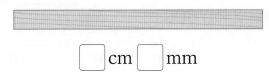

☐ cm ☐ mm

6 ☐ 안에 알맞은 수를 써넣으세요.

(1) 5 cm = ☐ mm

(2) 70 mm = ☐ cm

(3) 2 cm 5 mm

= ☐ mm + 5 mm

= ☐ mm

(4) 4 cm 1 mm

= ☐ mm + 1 mm

= ☐ mm

STEP 1 교과서 개념 잡기

② m보다 큰 단위

1 km 알아보기

1000 m를 **1 km**라고 합니다.

쓰기 $1\,km$ 읽기 **1 킬로미터** | 1000 m ＝ 1 km |

몇 km 몇 m 알아보기

2 km보다 400 m 더 긴 것을 2 km 400 m라고 합니다.

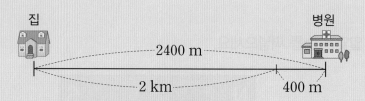

쓰기 **2 km 400 m**   읽기 **2 킬로미터 400 미터**

2 km 400 m ＝ 2400 m

개념 확인 1 ☐ 안에 알맞은 수나 말을 써넣으세요.

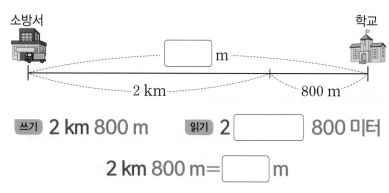

쓰기 **2 km 800 m**   읽기 **2** ☐ **800 미터**

2 km 800 m ＝ ☐ **m**

---

2 ☐ 안에 알맞은 수를 써넣으세요.

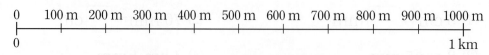

(1) 900 m보다 100 m 더 긴 길이는 ☐ km입니다.

(2) 1000 m ＝ ☐ km

3 주어진 길이를 쓰고, 읽어 보세요.

(1) 8 km

쓰기 _____

읽기 (_____)

(2) 5 km 200 m

쓰기 _____

읽기 (_____)

4 수직선을 보고 ☐ 안에 알맞은 수를 써넣으세요.

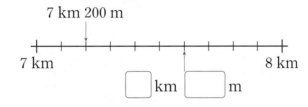

7 km 200 m

7 km   8 km

☐ km ☐ m

5 ☐ 안에 알맞은 수를 써넣으세요.

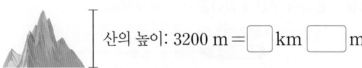

산의 높이: 3200 m = ☐ km ☐ m

6 ☐ 안에 알맞은 수를 써넣으세요.

(1) 8 km = ☐ m

(2) 2000 m = ☐ km

(3) 6 km 900 m

= ☐ m + 900 m

= ☐ m

(4) 8 km 100 m

= ☐ m + 100 m

= ☐ m

교과서 개념 잡기

개념 강의

③ 길이 어림하고 재기

물건의 길이를 어림하고 재어 보기

길이를 알고 있는 물건을 이용하여 길이를 어림할 수 있습니다.

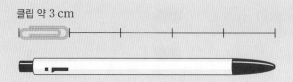

클립 약 3 cm

볼펜의 길이: **약 3 cm**인 클립으로 **5번 → 약 15 cm**

$3 \times 5 = 15$

지도에서 거리를 어림하고 확인하기

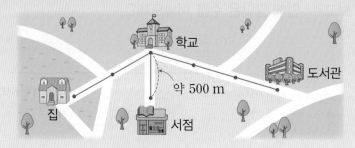

학교
도서관
약 500 m
집
서점

• 학교에서 서점까지의 거리: 약 500 m
• 학교에서 집까지의 거리: **약 500 m**씩 2번 간 거리
  → 약 1000 m 또는 **약 1 km**

개념 확인 1

크레파스를 이용하여 우산의 길이를 어림해 보세요.

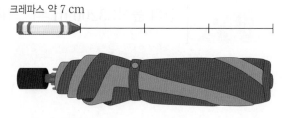

크레파스 약 7 cm

우산의 길이: **약 7 cm**인 크레파스로 ☐ 번 → 약 ☐ cm

개념 확인 2

위의 지도를 보고 학교에서 도서관까지의 거리를 어림해 보세요.

• 학교에서 도서관까지의 거리: **약 500 m**씩 3번 간 거리

  → 약 ☐ m 또는 약 ☐ km ☐ m

3 머리핀의 길이를 어림하고, 자로 재어 보세요.

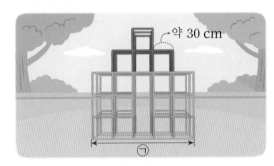

어림한 길이 (   )

잰 길이 (   )

4 정글짐에서 표시된 ㉠의 길이는 약 몇 cm인지 어림해 보세요.

약 30 cm

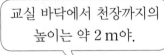

정글짐에서 한 칸의 길이: 약 30 cm

→ ㉠의 길이: 약 [   ] cm

5 주경이와 현우 중에서 길이의 단위를 <u>잘못</u> 사용한 사람의 이름을 쓰세요.

교실 바닥에서 천장까지의 높이는 약 2 m야.

서울에서 대전까지의 거리는 약 162 m야.

주경   현우

(   )

6 km, m, cm, mm 중에서 알맞은 단위를 골라 ☐ 안에 써넣으세요.

(1)

비행기의 길이: 약 70 [   ]

(2)

동화책 긴 쪽의 길이: 약 30 [   ]

1 cm보다 작은 단위   개념 102쪽

01 ☐ 안에 알맞은 수를 써넣으세요.

(1) 7 cm 3 mm = ☐ mm

(2) 56 mm = ☐ cm ☐ mm

(3) 192 mm = ☐ cm ☐ mm

02 자를 이용하여 주어진 길이만큼 선을 그어 보세요.

(1)   4 cm 7 mm

|- -

(2)   28 mm

|- -

03 같은 길이끼리 이어 보세요.

(1) 42 mm ·   · 2 cm 6 mm

(2) 98 mm ·   · 4 cm 2 mm

(3) 26 mm ·   · 9 cm 8 mm

04 못의 길이는 얼마인지 ☐ 안에 알맞은 수를 써 넣으세요.

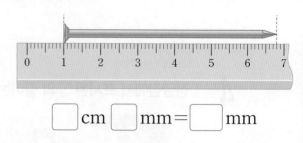

☐ cm ☐ mm = ☐ mm

2 m보다 큰 단위   개념 104쪽

05 지후네 집에서 우체국을 지나 백화점까지 가는 거리는 얼마인지 ☐ 안에 알맞은 수를 써넣으세요.

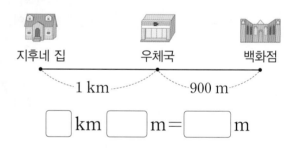

☐ km ☐ m = ☐ m

교과역량 쏙! 문제해결

06 우리나라 터널의 길이를 두 가지 방법으로 나타내세요.

터널	☐ km ☐ m	☐ m
창원 터널	2 km 345 m	2345 m
천마 터널	3 km 987 m	
관악 터널		4834 m

07 주환이 집에서 우체국까지 가려면 버스를 타고 2 km를 간 후 600 m를 더 걸어가야 합니다. 주환이 집에서 우체국까지의 거리는 몇 m일까요?

( )

08 가장 긴 길이를 말한 사람은 누구일까요?

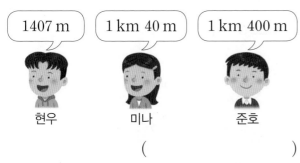

현우   미나   준호

( )

힌트
톡! 길이의 단위를 '몇 m'나 '몇 km 몇 m' 중 하나로 통일시켜 봐.

3 길이 어림하고 재기 개념 106쪽

09 지우개의 긴 쪽과 짧은 쪽의 길이를 각각 몇 cm인지 어림하고, 자로 재어 몇 cm 몇 mm로 나타내세요.

지우개	어림한 길이	잰 길이
긴 쪽		
짧은 쪽		

10 길이가 1 km보다 더 긴 것의 기호를 쓰세요.

┌─────────────────┐
│ ㉠ 자동차의 길이 │
│ ㉡ 지리산의 높이 │
│ ㉢ 어머니의 키 │
└─────────────────┘

( )

11 〈 보기 〉에서 알맞은 길이를 골라 문장을 완성해 보세요.

┌──────── 〈 보기 〉 ────────┐
│ 2 km 300 m   5 mm   15 cm │
└──────────────────────────┘

(1) 필통에 들어 있는 자의 길이는
약 ( )입니다.

(2) 우리 집에서 이모 댁까지의 거리는
약 ( )입니다.

교과역량 콕! 추론 | 문제해결
12 마을 지도를 보고 물음에 답하세요.

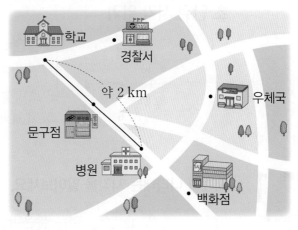

(1) 학교에서 약 1 km 떨어진 곳에는 어떤 장소가 있는지 모두 찾아 쓰세요.

( ), ( )

(2) 학교에서 백화점까지의 거리는 약 몇 km일까요?

( )

개념 강의

4 분보다 작은 단위

1초 알아보기

초바늘이 작은 눈금 한 칸을 가는 동안 걸리는 시간을 **1초**라고 합니다.

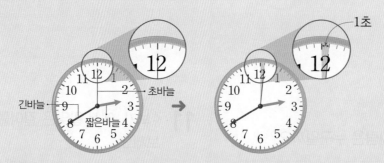

초바늘이 시계를 한 바퀴 도는 데 걸리는 시간은 **60초**입니다.

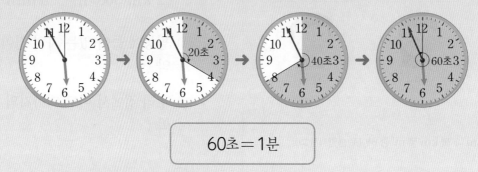

60초=1분

초 단위 시각 읽기

- 짧은바늘이 2와 3 사이에 있으므로 **2시**입니다.
- 긴바늘이 8을 지났으므로 **40분**입니다.
- 초바늘이 3을 가리키므로 **15초**입니다.
→ 시계가 나타내는 시각: **2시 40분 15초**

개념 확인 1 시계가 나타내는 시각을 알아보세요.

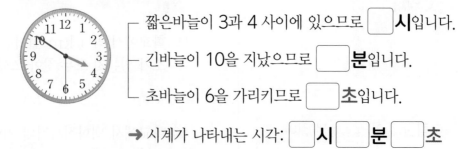

- 짧은바늘이 3과 4 사이에 있으므로 ☐**시**입니다.
- 긴바늘이 10을 지났으므로 ☐**분**입니다.
- 초바늘이 6을 가리키므로 ☐**초**입니다.

→ 시계가 나타내는 시각: ☐**시**☐**분**☐**초**

2 시계를 보고 몇 시 몇 분 몇 초인지 쓰세요.

(1)

☐시 ☐분 ☐초

(2)

☐시 ☐분 ☐초

3 디지털 시계를 보고 몇 시 몇 분 몇 초인지 쓰세요.

(1)

06:16:48

☐시 ☐분 ☐초

(2)
08:32:14

☐시 ☐분 ☐초

4 1초 동안 할 수 있는 일에 ○표 하세요.

밥 먹기

( )

양치하기

( )

박수 한 번 치기

( )

5 ☐ 안에 알맞은 수를 써넣으세요.

(1) 1분 50초 = ☐초 + 50초

= ☐초

(2) 100초 = 60초 + ☐초

= ☐분 ☐초

교과서 개념 잡기

개념 강의

5 시간의 덧셈

받아올림이 없는 시간의 덧셈

시는 **시**끼리, **분**은 **분**끼리, **초**는 **초**끼리 더합니다.

	5시	20분	10초
+	1시간	3분	30초
	6시	23분	40초

(시각)+(시간)=(시각)
(시간)+(시간)=(시간)

받아올림이 있는 시간의 덧셈

초 단위끼리의 합이 60초이거나 60초를 넘으면 **60초 → 1분**으로 받아올림합니다.

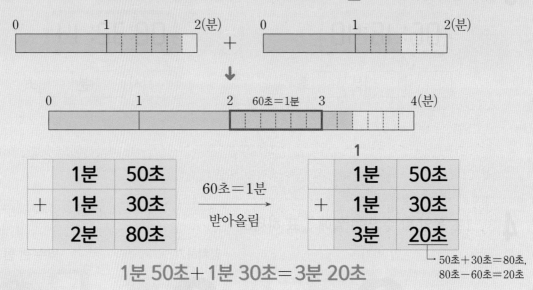

1분 50초+1분 30초=3분 20초

개념 확인 **1**

시간 띠를 보고 시간의 덧셈을 하세요.

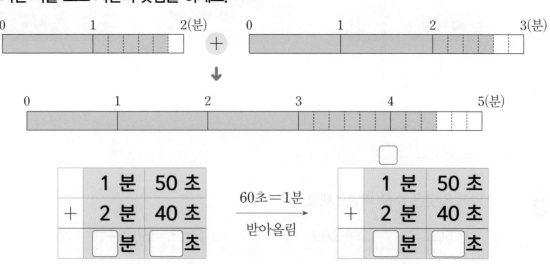

2 지금 시각은 7시 10분 30초입니다. 지금 시각에서 2분 20초 후의 시각을 구하려고 합니다. 물음에 답하세요.

(1) 그림을 보고 ☐ 안에 알맞은 수를 써넣으세요.

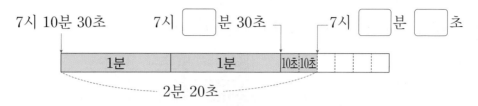

(2) 지금 시각에서 2분 20초 후의 시각을 구하세요.

7시 10분 30초＋2분 20초＝7시 ☐ 분 ☐ 초

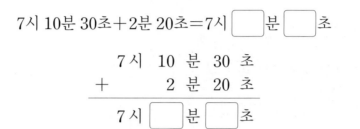

3 지금 시각은 8시 20분 35초입니다. 지금 시각에서 30분 5초 후의 시각을 구하세요.

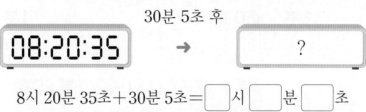

30분 5초 후

08:20:35 → ?

8시 20분 35초＋30분 5초＝☐ 시 ☐ 분 ☐ 초

4 계산해 보세요.

(1)
```
      5 시 10 분 20 초
  +        30 분 20 초
  ──────────────────────
     ☐ 시 ☐ 분 ☐ 초
```

(2)
```
                    ☐
      7 시 15 분 45 초
  +        30 분 25 초
  ──────────────────────
     ☐ 시 ☐ 분 ☐ 초
```

(3) 3시간 10분 40초＋1시간 20분 10초＝☐ 시간 ☐ 분 ☐ 초

(4) 8시 5분 50초＋2시간 42분 35초＝☐ 시 ☐ 분 ☐ 초

STEP 1 교과서 개념 잡기

개념 강의

⑥ 시간의 뺄셈

받아내림이 없는 시간의 뺄셈

시는 시끼리, **분**은 분끼리, **초**는 초끼리 뺍니다.

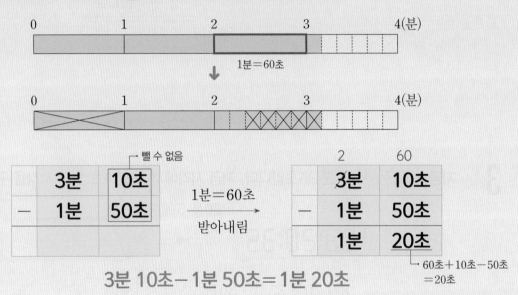

(시각)−(시간)=(시각)
(시간)−(시간)=(시간)
(시각)−(시각)=(시간)

	8시	50분	35초
−	2시간	40분	10초
	6시	10분	25초

받아내림이 있는 시간의 뺄셈

초 단위끼리 뺄 수 없으면 **1분 → 60초**로 받아내림합니다.

	3분	10초
−	1분	50초

빼 수 없음

1분=60초
받아내림 →

	3분 (2)	10초 (60)
−	1분	50초
	1분	20초

60초+10초−50초 =20초

3분 10초 − 1분 50초 = 1분 20초

개념 확인 1

시간 띠를 보고 시간의 뺄셈을 하세요.

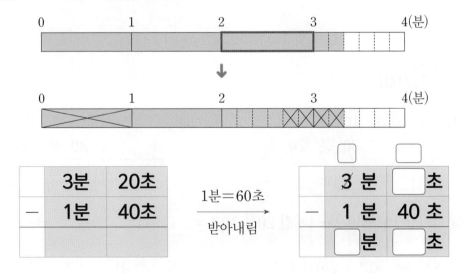

	3분	20초
−	1분	40초

1분=60초
받아내림 →

	3 분	초
−	1 분	40 초
	분	초

2 민재가 운동을 50분 동안 하고 끝낸 시각이 10시 20분일 때 운동을 시작한 시각을 구하려고 합니다. ☐ 안에 알맞은 수를 써넣으세요.

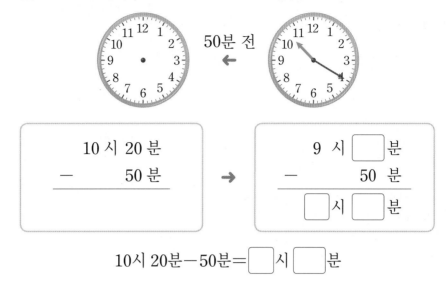

50분 전 ←

| 10 시 20 분 |
| −   50 분 |

→

| 9 시 ☐ 분 |
| −   50 분 |
| ☐ 시 ☐ 분 |

10시 20분−50분=☐시☐분

3 지금 시각은 11시 45분 50초입니다. 지금 시각에서 15분 30초 전의 시각을 구하세요.

15분 30초 전

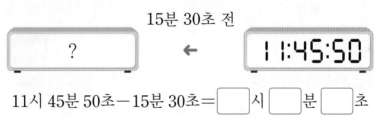

? ← 11:45:50

11시 45분 50초−15분 30초=☐시☐분☐초

4 계산해 보세요.

(1)
   8 시간 50 분 45 초
− 2 시간 25 분 35 초
☐시간 ☐분 ☐초

(2)
  ☐   ☐
  4 시 21 분 15 초
−   7 분 40 초
☐시 ☐분 ☐초

(3) 12시간 55분 40초−3시간 30분 25초=☐시간 ☐분 ☐초

(4) 1시 15분 10초−8분 55초=☐시 ☐분 ☐초

④ **분보다 작은 단위** 개념 110쪽

01 초바늘이 작은 눈금 한 칸을 가는 동안 걸리는 시간은 몇 초인가요?

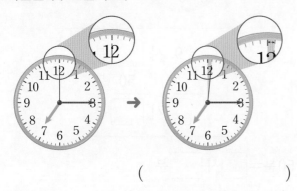

( )

02 〈보기〉에서 알맞은 단위를 찾아 ☐ 안에 써넣으세요.

〈보기〉
초, 분, 시간

(1) 물 한 모금을 마시는 시간: 3 ☐

(2) 영화 한 편을 보는 시간: 2 ☐

(3) 음악 수업 시간: 40 ☐

03 시계를 보고 몇 시 몇 분 몇 초인지 쓰세요.

( )

04 ☐ 안에 알맞은 수를 써넣으세요.

(1) 2분 20초 = ☐ 초

(2) 5분 15초 = ☐ 초

(3) 400초 = ☐ 분 ☐ 초

(4) 550초 = ☐ 분 ☐ 초

05 시간의 단위를 알맞게 사용하여 말한 사람은 누구일까요?

횡단보도를 건너는 데 약 30분이 걸렸어.

노래 한 곡을 부르는 데 약 3분이 걸렸어.

준호   미나

( )

06 같은 시간끼리 이어 보세요.

(1) 1분 40초 •

(2) 350초 •

• 5분 50초

• 100초

• 140초

교과역량 콕! 문제해결

07 선우, 희정, 지선이의 쇼트트랙 대회 기록입니다. 가장 빨리 달린 사람은 누구일까요?

선우	희정	지선
2분 37초	144초	3분 5초

(   )

어휘 톡! **쇼트트랙**은 스케이트 경기의 한 종목으로, 짧은 거리를 빠르게 달려야 해.

08 시간을 비교하여 가장 긴 시간에 ○표 하세요.

4분 20초	190초	240초
( )	( )	( )

5 **시간의 덧셈**　　개념 112쪽

09 윤영이는 4시 50분부터 30분 동안 그림 그리기를 하였습니다. 그림 그리기가 끝난 시각을 구하세요.

```
    4 시 50 분
  +      30 분
  ─────────────
    4 시 □ 분
      ↓
    □ 시 □ 분
```

10 빈칸에 알맞은 시각을 써넣으세요.

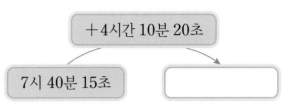

+4시간 10분 20초

7시 40분 15초 → □

5 단원

11 찬영이가 오늘 오전과 오후에 쓰레기를 주운 시간입니다. 찬영이가 오늘 쓰레기를 주운 시간은 모두 몇 분 몇 초인지 구하세요.

오전	14분 39초
오후	28분 30초

(   )

교과역량 콕! 추론 | 연결

12 다혜는 9시 50분에 집에서 출발하여 할머니 댁까지 가는 데 1시간 20분이 걸렸습니다. 할머니 댁에 도착한 시각은 몇 시 몇 분인지 구하세요.

9시 50분+1시간 20분=□시 □분

13 직업 체험 축제에서 1시간 동안 2가지 체험 활동을 하려고 합니다. 1시간 안에 할 수 있는 활동 2가지를 골라 쓰세요.

의사 체험	요리사 체험	가수 체험
26분	35분	28분 30초

(   ), (   )

교과역량 콕! 문제해결 | 추론

14 미연이는 7시 10분에서 4분 15초 후의 시각을 다음과 같이 잘못 계산하였습니다. 잘못 계산한 곳을 찾아 바르게 계산해 보세요.

$$\begin{array}{r} 7시\ 10분 \\ +\quad 4분\ 15초 \\ \hline 11시\ 25분 \end{array}$$

↓

[   ]

15 인애는 7시 25분 20초에 출발한 배를 타고 섬에 도착했습니다. 1시간 15분 30초 동안 배를 탔다면 인애가 섬에 도착한 시각은 몇 시 몇 분 몇 초일까요?

(   )

16 시간이 더 짧은 것의 기호를 쓰세요.

> ㉠ 2시간 15분 30초＋3시간 30분 10초
> ㉡ 2시간 35분 40초＋3시간 20분 30초

(   )

6 시간의 뺄셈   개념 114쪽

17 어머니께서 세탁기에 빨래를 넣고 돌리기 시작한 시각과 끝난 시각입니다. 세탁기에 빨래를 넣고 돌린 시간은 몇 시간 몇 분 몇 초인지 구하세요.

10시 35분 25초－9시 20분 5초

＝ ☐ 시간 ☐ 분 ☐ 초

18 빈칸에 알맞은 시각을 써넣으세요.

─2시간 40분

8시 10분 → [   ]

19 도연이가 어제와 오늘 각각 공부를 한 시간입니다. 오늘은 어제보다 공부를 몇 시간 몇 분 더 오래 하였는지 구하세요.

어제	오늘
50분	2시간 10분

$$
\begin{array}{r}
2 \text{ 시간 } 10 \text{ 분} \\
- \phantom{2 \text{ 시간 }} 50 \text{ 분} \\
\hline
\boxed{} \text{시간} \boxed{} \text{분}
\end{array}
$$

20 서울에서 대전까지 가는 데 걸리는 시간은 몇 시간 몇 분인지 구하세요.

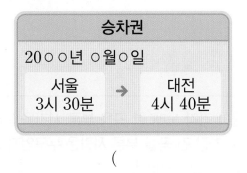

승차권
20○○년 ○월○일

| 서울 3시 30분 | → | 대전 4시 40분 |

(　　　　　　　)

21 지호가 산책을 끝낸 시각은 7시 41분 55초입니다. 산책을 30분 15초 동안 했을 때, 산책하기 시작한 시각은 몇 시 몇 분 몇 초일까요?

(　　　　　　　)

22 영화가 시작한 시각과 끝난 시각입니다. 이 영화의 상영 시간은 몇 시간 몇 분 몇 초인지 구하세요.

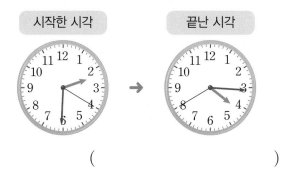

시작한 시각　　　　끝난 시각

(　　　　　　　)

교과역량 콕! 문제해결 | 추론

23 수학 시간에 친구들이 문제를 푸는 데 걸린 시간입니다. 가장 빠르게 문제를 푼 학생은 가장 느리게 푼 학생보다 몇 초 더 빨리 풀었는지 구하세요.

친구	걸린 시간
세은	4분 10초
유진	3분 52초
민지	4분 3초

(1) 가장 빠르게 문제를 푼 학생은 누구일까요?

(　　　　　　　)

(2) 가장 느리게 문제를 푼 학생은 누구일까요?

(　　　　　　　)

(3) 가장 빠르게 문제를 푼 학생은 가장 느리게 문제를 푼 학생보다 몇 초 더 빨리 풀었는지 구하세요.

(　　　　　　　)

1

집에서 은행까지의 거리는 1040 m이고, 집에서 우체국까지의 거리는 1 km 530 m입니다. **은행과 우체국 중 집에서 더 가까운 곳은 어디인지 풀이 과정을 쓰고, 답을 구하세요.**

(1단계) 같은 단위로 바꾸기

1 km 530 m = ☐ m입니다.

(2단계) 더 가까운 곳 찾기

☐ m < ☐ m이므로 은행과 우체국 중 집에서 더 가까운 곳은 ☐ 입니다.

(답)

2

학교에서 공원까지의 거리는 1240 m이고, 학교에서 병원까지의 거리는 1 km 70 m입니다. **공원과 병원 중 학교에서 더 가까운 곳은 어디인지 풀이 과정을 쓰고, 답을 구하세요.**

(1단계) 같은 단위로 바꾸기

_____

(2단계) 더 가까운 곳 찾기

_____

_____

(답)

3

친구들이 각각 스트레칭을 한 시간을 나타낸 것입니다. **스트레칭을 한 시간이 가장 짧은 사람은 누구인지 풀이 과정을 쓰고, 답을 구하세요.**

> 주호: 3분 45초
> 온유: 210초
> 서준: 2분 50초

(1단계) '몇 초'를 '몇 분 몇 초'로 바꾸기

210초 = ☐ 분 ☐ 초입니다.

(2단계) 스트레칭을 한 시간이 가장 짧은 사람 구하기

☐ 분 ☐ 초 < ☐ 분 ☐ 초 < 3분 45초이므로 스트레칭을 한 시간이 가장 짧은 사람은 ☐ 입니다.

(답)

4

친구들이 각각 노래 한 곡을 부른 시간을 나타낸 것입니다. **가장 긴 곡을 부른 사람은 누구인지 풀이 과정을 쓰고, 답을 구하세요.**

> 시은: 280초
> 정민: 3분 5초
> 현주: 312초

(1단계) '몇 분 몇 초'를 '몇 초'로 바꾸기

_____

(2단계) 가장 긴 곡을 부른 사람 구하기

_____

_____

(답)

5

시계가 나타내는 시각에서 **3시간 50분 전의 시각은 몇 시 몇 분**인지 풀이 과정을 쓰고, 답을 구하세요.

(1단계) 시계가 나타내는 시각 읽기

시계가 나타내는 시각은 ☐시 ☐분입니다.

(2단계) 3시간 50분 전의 시각 구하기

따라서 3시간 50분 전의 시각은

☐시 ☐분－3시간 50분

＝☐시 ☐분입니다.

(답)

6

시계가 나타내는 시각에서 **2시간 30분 전의 시각은 몇 시 몇 분**인지 풀이 과정을 쓰고, 답을 구하세요.

(1단계) 시계가 나타내는 시각 읽기

_____

(2단계) 2시간 30분 전의 시각 구하기

_____

_____

_____

(답)

7

수 카드를 한 번씩만 사용하여 **가장 긴 ☐ km ☐☐☐m**를 만들고, 만든 길이를 m로 나타내세요.

| 3 | 7 | 6 | 5 |

(1단계) 가장 긴 길이 쓰기

가장 긴 길이: ☐ km ☐ m

(2단계) 만든 길이를 m로 나타내기

1 km＝1000 m이므로 ☐ m로 나타낼 수 있습니다.

(답)

8 창의형

수 카드를 한 번씩만 사용하여 ☐km ☐☐☐m를 만들고, 만든 길이를 m로 나타내세요.

| 1 | 4 | 9 | 8 |

(1단계) 내가 만든 길이 쓰기

내가 만든 길이: ☐ km ☐ m

(2단계) 만든 길이를 m로 나타내기

1 km＝1000 m 이므로 내가 만든 길이는

☐ m로 나타낼 수 있습니다.

(답)

01 ☐ 안에 알맞은 수를 써넣으세요.

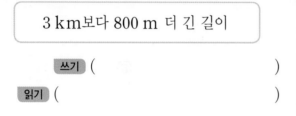

$$1\,cm = \boxed{}\,mm$$

02 설명에 알맞은 길이는 몇 km 몇 m인지 쓰고, 읽어 보세요.

3 km보다 800 m 더 긴 길이

쓰기 (   )

읽기 (   )

03 1초 동안 할 수 있는 일에 모두 ○표 하세요.

100 m 달리기	( )
눈 한 번 깜박이기	( )
앉은 자리에서 일어나기	( )

04 ☐ 안에 알맞은 수를 써넣으세요.

$$5분\ 20초 = \boxed{}초$$

05 시각을 읽어 보세요.

(   )

06 동민이는 종이접기를 4시 30분 10초부터 시작하여 10분 40초 동안 했습니다. 종이접기를 끝낸 시각은 몇 시 몇 분 몇 초인지 구하세요.

$$\begin{array}{r} 4\ 시\ \ 30\ 분\ \ 10\ 초 \\ +\quad\ \ 10\ 분\ \ 40\ 초 \\ \hline \boxed{\ }\,시\ \boxed{\ }\,분\ \boxed{\ }\,초 \end{array}$$

07 ☐ 안에 알맞은 수를 써넣으세요.

$$\begin{array}{r} 6\ 분\ \ 40\ 초 \\ -\quad 1\ 분\ \ 25\ 초 \\ \hline \boxed{\ }\,분\ \boxed{\ }\,초 \end{array}$$

08 가위의 길이는 154 mm입니다. 가위의 길이는 몇 cm 몇 mm인가요?

(   )

09 집에서 마트까지의 거리가 약 2 km일 때 마트에서 식물원까지의 거리는 약 몇 km인지 어림해 보세요.

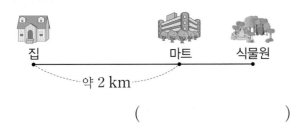

집   마트   식물원

약 2 km

(   )

10 단위 사이의 관계를 <u>잘못</u> 나타낸 것을 모두 고르세요. (   )

① 1000 m＝1 km
② 2 km 300 m＝2300 m
③ 5280 m＝52 km 80 m
④ 3 km＝3000 m
⑤ 4 km 50 m＝4500 m

11 수진이가 어제와 오늘 각각 텔레비전을 본 시간입니다. 오늘은 어제보다 텔레비전을 몇 시간 몇 분 더 오래 보았는지 구하세요.

어제	오늘
40분	2시간 25분

$$\begin{array}{r} 2 \text{ 시간 } 25 \text{ 분} \\ - \phantom{2 \text{ 시간 }} 40 \text{ 분} \\ \hline \boxed{}\text{시간}\boxed{}\text{분} \end{array}$$

12 단위를 바르게 말한 사람의 이름을 쓰세요.

버스의 길이는 약 12 km야.   산책로의 길이는 약 1 km야.

현우   주경

(   )

13 오른쪽 시각에서 20분 전의 시각은 몇 시 몇 분인지 구하세요.

$\boxed{}$ 시 $\boxed{}$ 분

14 지호, 미선, 영석이의 200 m 수영 기록입니다. 기록이 가장 빠른 사람의 이름을 쓰세요.

지호	미선	영석
150초	2분 29초	162초

(   )

15 집에서 약 1 km 500 m 떨어진 곳에는 어떤 장소가 있는지 찾아 쓰세요.

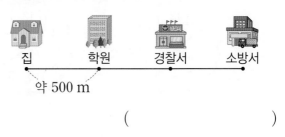

집   학원   경찰서   소방서

약 500 m

(   )

16 길이가 긴 것부터 차례로 기호를 쓰세요.

> ㉠ 5 cm 6 mm ㉡ 6 cm
>
> ㉢ 54 mm ㉣ 5 cm 2 mm

(   )

17 축구 경기가 6시 30분에 시작하여 1시간 40분 뒤에 끝났습니다. 축구 경기가 끝난 시각은 몇 시 몇 분인지 구하세요.

(   )

18 등산을 시작한 시각과 끝난 시각입니다. 등산을 한 시간은 몇 시간 몇 분 몇 초인지 구하세요.

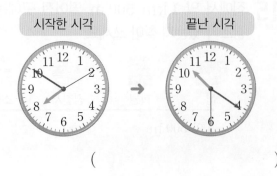

시작한 시각   끝난 시각

(   )

19 집에서 약국까지의 거리는 1200 m이고, 집에서 편의점까지의 거리는 1 km 320 m입니다. 약국과 편의점 중 집에서 더 가까운 곳은 어디인지 풀이 과정을 쓰고, 답을 구하세요.

풀이

답

20 시계가 나타내는 시각에서 7시간 40분 전의 시각은 몇 시 몇 분인지 풀이 과정을 쓰고, 답을 구하세요.

풀이

답

타조알을 본 적 있나요?

타조알은 크기가 커서 무게가 엄청 많이 나가요.

또, 껍질이 두껍고 단단해서 그림을 그리거나 조각을 할 수도 있답니다.

타조알을 색칠하여 나만의 작품을 만들어 볼까요?

정답은 개념책 158쪽에서 확인하세요.

6

분수와 소수

학습을 끝낸 후
색칠하세요.

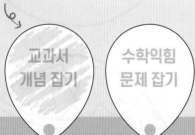

교과서
개념 잡기

수학익힘
문제 잡기

교과서
개념 잡기

수학익힘
문제 잡기

❶ 하나를 똑같이 나누기
❷ 분수 알아보기

❸ 단위분수의 크기 비교
❹ 분모가 같은 분수의 크기 비교

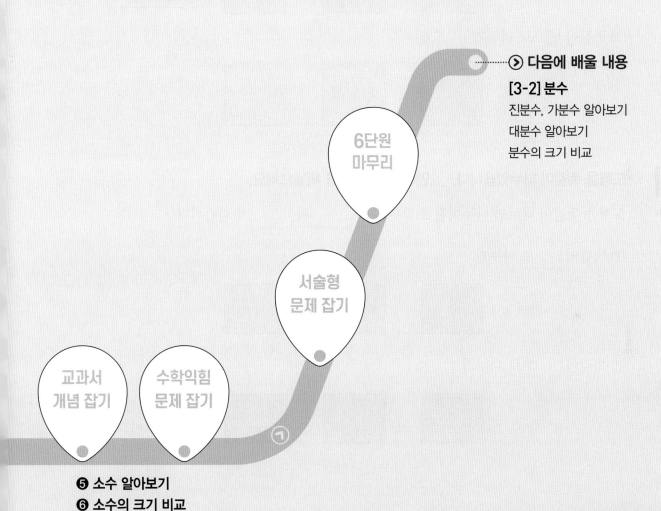

다음에 배울 내용

[3-2] 분수

진분수, 가분수 알아보기
대분수 알아보기
분수의 크기 비교

6단원
마무리

서술형
문제 잡기

교과서
개념 잡기

수학익힘
문제 잡기

❺ 소수 알아보기
❻ 소수의 크기 비교

① 하나를 똑같이 나누기

도형을 똑같이 나누기

도형을 똑같이 나누면 나누어진 조각은 모두 **모양**과 **크기**가 같습니다.

(1) 똑같이 **둘**로 나누기

> 점선을 따라 오려서
> 나누어진 조각을 서로
> 겹치면 완전히 겹쳐져.

(2) 똑같이 **넷**으로 나누기

개념 확인 1 도형을 똑같이 나누었습니다. ☐ 안에 알맞은 말을 써넣으세요.

도형을 똑같이 나누면 나누어진 조각은 모두 ☐과 ☐가 같습니다.

(1) 똑같이 ☐로 나누기

(2) 똑같이 ☐으로 나누기

2 똑같이 셋으로 나누어진 도형을 찾아 ○표 하세요.

(   )   (   )   (   )

3 똑같이 나누어진 도형을 모두 찾아 ○표 하세요.

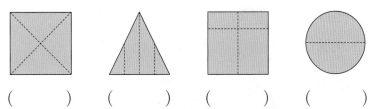

(   )   (   )   (   )   (   )

4 주어진 점을 이용하여 도형을 똑같이 둘로 나누어 보세요.

(1) 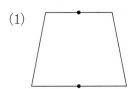   (2)

5 똑같이 나누어지지 <u>않은</u> 도형을 찾아 기호를 쓰세요.

가   나   다   라

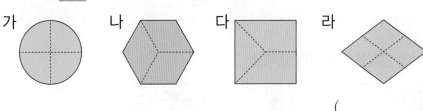

(   )

6 세 사람 중 바르게 말한 사람의 이름을 쓰세요.

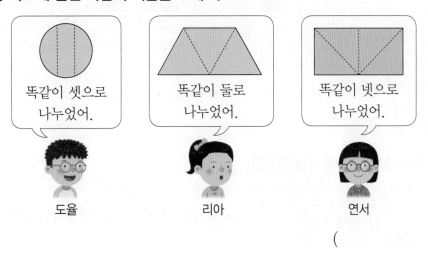

똑같이 셋으로 나누었어.   똑같이 둘로 나누었어.   똑같이 넷으로 나누었어.

도율   리아   연서

(   )

1 STEP 교과서 개념 잡기

② 분수 알아보기

분수 쓰고 읽기

 → 부분 은 전체 를 똑같이 **4**로 나눈 것 중의 **1**입니다.

전체를 똑같이 **4**로 나눈 것 중의 1을 $\dfrac{1}{4}$이라 하고, $\dfrac{1}{4}$, $\dfrac{2}{5}$와 같은 수를 **분수**라고 합니다.

쓰기 $\dfrac{1 \leftarrow 분자}{4 \leftarrow 분모}$ 읽기 **4분의** 1

분수로 나타내기

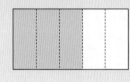 → 색칠한 부분: $\dfrac{3}{5}$, 색칠하지 않은 부분: $\dfrac{2}{5}$

전체를 똑같이 5로 나눈 것 중의 3   전체를 똑같이 5로 나눈 것 중의 2

개념 확인 1 ☐ 안에 알맞은 수를 써넣으세요.

 → 부분 은 전체 를 똑같이 ☐으로 나눈 것 중의

☐입니다.

쓰기 $\dfrac{☐}{☐}$ 읽기 ☐ **분의** ☐

개념 확인 2 ☐ 안에 알맞은 수를 써넣으세요.

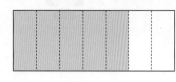 → 색칠한 부분: $\dfrac{☐}{7}$, 색칠하지 않은 부분: $\dfrac{☐}{7}$

3 $\frac{5}{8}$ 만큼 색칠하려고 합니다. 물음에 답하세요.

(1) ☐ 안에 알맞은 수를 써넣으세요.

$\frac{5}{8}$ 는 전체를 똑같이 ☐로 나눈 것 중의 ☐입니다.

(2) 주어진 분수만큼 색칠해 보세요.

4 전체의 $\frac{7}{10}$ 은 빨간색, $\frac{3}{10}$ 은 파란색으로 색칠해 보세요.

5 남은 부분을 분수로 나타내세요.

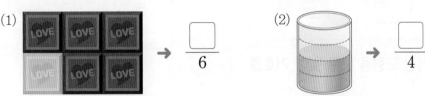

(1) → $\frac{\ }{6}$ (2) → $\frac{\ }{4}$

6 〈보기〉와 같이 부분을 보고 전체를 그려 보세요.

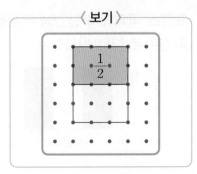
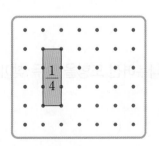

수학익힘 문제 잡기

1 하나를 똑같이 나누기
개념 128쪽

01 똑같이 나누어진 국기를 찾아 ○표 하세요.

체코   이탈리아   콜롬비아

( )   ( )   ( )

[02~03] 도형을 보고 물음에 답하세요.

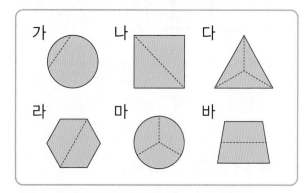

가 나 다
라 마 바

02 똑같이 둘로 나누어진 도형을 모두 찾아 기호를 쓰세요.

( )

03 똑같이 셋으로 나누어진 도형을 모두 찾아 기호를 쓰세요.

( )

04 도형을 똑같이 나누어 보세요.

(1) 똑같이 둘로 나누기

(2) 똑같이 넷으로 나누기

교과역량 콕! 추론

05 다음 도형을 똑같이 셋으로 나누었을 때의 조각을 찾아 기호를 쓰세요.

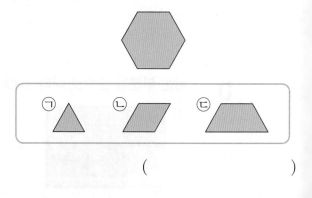

㉠   ㉡   ㉢

( )

2 분수 알아보기
개념 130쪽

06 프랑스 국기에서 빨간색 부분은 전체의 얼마인지 분수로 나타내세요.

프랑스

□/□

07 주어진 분수만큼 색칠해 보세요.

(1) →

(2) →

08 색칠한 부분이 전체를 똑같이 5로 나눈 것 중의 2인 것을 찾아 기호를 쓰세요.

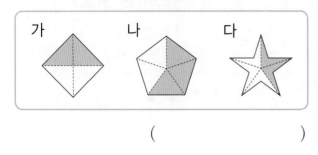

가   나   다

(   )

09 색칠한 부분은 전체의 얼마인지 분수로 쓰고, 읽어 보세요.

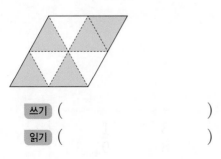

쓰기 (   )

읽기 (   )

10 색칠하지 <u>않은</u> 부분을 분수로 나타내세요.

   $\frac{5}{8}$

11 관계 있는 것끼리 이어 보세요.

(1)   (2)   (3)

·   ·   ·

·   ·   ·

$\frac{3}{8}$ $\frac{2}{3}$ $\frac{2}{4}$

〔교과역량 콕!〕 추론 | 정보처리

12 부분을 보고 전체를 그려 보세요.

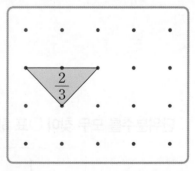

힌트
톡톡 전체를 똑같이 3으로 나눈 것 중의 2만큼이 있으므로 전체가 되려면 부분이 1만큼 더 있어야 해.

6
단원

③ 단위분수의 크기 비교

단위분수 알아보기

1				
$\frac{1}{2}$			$\frac{1}{2}$	

$\frac{1}{3}$	$\frac{1}{3}$	$\frac{1}{3}$

$\frac{1}{4}$	$\frac{1}{4}$	$\frac{1}{4}$	$\frac{1}{4}$

$\frac{1}{5}$	$\frac{1}{5}$	$\frac{1}{5}$	$\frac{1}{5}$	$\frac{1}{5}$

분수 중에서 $\frac{1}{2}$, $\frac{1}{3}$, $\frac{1}{4}$, $\frac{1}{5}$과 같이 **분자가 1인 분수**를 **단위분수**라고 합니다.

$\frac{1}{3}$과 $\frac{1}{4}$의 크기 비교

색칠한 부분의 크기를 비교하면 $\frac{1}{3}$이 $\frac{1}{4}$보다 더 큽니다.

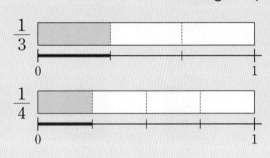

단위분수는 **분모가 작을수록 더 큽니다.**

$$3 \, \textcircled{<} \, 4 \rightarrow \frac{1}{3} \, \textcircled{>} \, \frac{1}{4}$$

▲ < ● ➡ $\frac{1}{\text{▲}}$ > $\frac{1}{\text{●}}$

개념 확인

1 $\frac{1}{2}$과 $\frac{1}{5}$의 크기를 비교하세요.

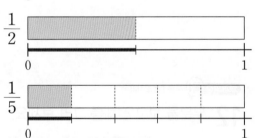

단위분수는 **분모가** (작을수록 , 클수록) 더 큽니다.

$$2 \bigcirc 5 \rightarrow \frac{1}{2} \bigcirc \frac{1}{5}$$

2 단위분수를 모두 찾아 ○표 하세요.

$\frac{1}{5}$	$\frac{7}{10}$	$\frac{1}{11}$	$\frac{3}{8}$	$\frac{1}{9}$

3　$\frac{1}{3}$과 $\frac{1}{2}$ 중에서 어느 분수가 더 큰지 알아보려고 합니다. 물음에 답하세요.

(1) $\frac{1}{3}$과 $\frac{1}{2}$만큼 각각 색칠해 보세요.

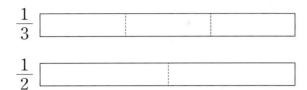

(2) $\frac{1}{3}$과 $\frac{1}{2}$의 크기를 비교하여 알맞은 말에 ○표 하세요.

$$\frac{1}{3}\text{이 } \frac{1}{2}\text{보다 더 (큽니다 , 작습니다).}$$

4　$\frac{1}{4}$과 $\frac{1}{7}$을 각각 수직선에 ▬으로 나타내고, 알맞은 말에 ○표 하세요.

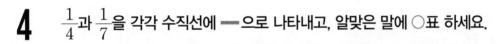

→ $\frac{1}{4}$이 $\frac{1}{7}$보다 더 (큽니다 , 작습니다).

5　두 분수의 크기를 비교하여 ○ 안에 >, =, <를 알맞게 써넣으세요.

(1) $\frac{1}{6}$ ◯ $\frac{1}{3}$　　　　　(2) $\frac{1}{2}$ ◯ $\frac{1}{7}$

(3) $\frac{1}{4}$ ◯ $\frac{1}{9}$　　　　　(4) $\frac{1}{8}$ ◯ $\frac{1}{10}$

개념 강의

④ 분모가 같은 분수의 크기 비교

$\dfrac{4}{5}$와 $\dfrac{3}{5}$의 크기 비교

분모가 같으면 **분자의 크기를 비교**합니다.

$\dfrac{4}{5}$ [$\frac{1}{5}$ | $\frac{1}{5}$ | $\frac{1}{5}$ | $\frac{1}{5}$ |] $\dfrac{4}{5}$ → $\dfrac{1}{5}$이 **4**개

$\dfrac{3}{5}$ [$\frac{1}{5}$ | $\frac{1}{5}$ | $\frac{1}{5}$ | |] $\dfrac{3}{5}$ → $\dfrac{1}{5}$이 **3**개

> 분모가 같은 분수는 **분자가 클수록 더 큽니다**.
>
> 4 $\gt$ 3 → $\dfrac{4}{5}$ $\gt$ $\dfrac{3}{5}$

└ ▲ < ● → $\dfrac{\blacktriangle}{\blacksquare}$ < $\dfrac{\bullet}{\blacksquare}$

개념 확인

1 $\dfrac{2}{4}$와 $\dfrac{3}{4}$의 크기를 비교해 보세요.

$\dfrac{2}{4}$ [$\frac{1}{4}$ | $\frac{1}{4}$ | |] $\dfrac{2}{4}$ → $\dfrac{1}{4}$이 ☐개

$\dfrac{3}{4}$ [$\frac{1}{4}$ | $\frac{1}{4}$ | $\frac{1}{4}$ |] $\dfrac{3}{4}$ → $\dfrac{1}{4}$이 ☐개

> 2 ◯ 3 → $\dfrac{2}{4}$ ◯ $\dfrac{3}{4}$

2 그림을 보고 알맞은 말에 ◯표 하세요.

$\dfrac{5}{7}$ [▨ | ▨ | ▨ | ▨ | ▨ | |]

$\dfrac{4}{7}$ [▨ | ▨ | ▨ | ▨ | | |]

$\dfrac{5}{7}$는 $\dfrac{4}{7}$보다 더 (큽니다 , 작습니다).

3 $\dfrac{5}{8}$와 $\dfrac{3}{8}$ 중에서 어느 분수가 더 큰지 알아보려고 합니다. 물음에 답하세요.

(1) $\dfrac{5}{8}$와 $\dfrac{3}{8}$만큼 각각 색칠해 보세요.

(2) $\dfrac{5}{8}$와 $\dfrac{3}{8}$의 크기를 비교하여 알맞은 말에 ○표 하세요.

$$\dfrac{5}{8} 는 \dfrac{3}{8} 보다 더 (큽니다 , 작습니다).$$

4 $\dfrac{4}{6}$와 $\dfrac{5}{6}$만큼 각각 색칠하고, 물음에 답하세요.

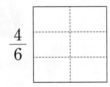   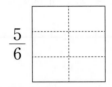

(1) □ 안에 알맞은 수를 써넣으세요.

$$\dfrac{4}{6} 는 \dfrac{1}{6} 이 \boxed{} 개이고, \dfrac{5}{6} 는 \dfrac{1}{6} 이 \boxed{} 개입니다.$$

(2) ○ 안에 >, =, <를 알맞게 써넣으세요.

$$\dfrac{4}{6} \bigcirc \dfrac{5}{6}$$

5 두 분수의 크기를 비교하여 ○ 안에 >, =, <를 알맞게 써넣으세요.

(1) $\dfrac{2}{5} \bigcirc \dfrac{3}{5}$ (2) $\dfrac{6}{9} \bigcirc \dfrac{5}{9}$

(3) $\dfrac{8}{10} \bigcirc \dfrac{6}{10}$ (4) $\dfrac{7}{12} \bigcirc \dfrac{11}{12}$

3 단위분수의 크기 비교   개념 134쪽

01 단위분수는 모두 몇 개인가요?

$$\frac{5}{6} \qquad \frac{1}{2} \qquad \frac{4}{13} \qquad \frac{3}{5} \qquad \frac{1}{17}$$

( )

02 주어진 분수를 각각 수직선에 ━으로 나타내고, ○ 안에 >, =, <를 알맞게 써넣으세요.

$\frac{1}{8}$ ├────────────┤
　　0　　　　　　　　　　　　1

$\frac{1}{6}$ ├────────────┤
　　0　　　　　　　　　　　　1

$$\frac{1}{8} \bigcirc \frac{1}{6}$$

03 주어진 분수만큼 각각 색칠하고, ○ 안에 >, =, <를 알맞게 써넣으세요.

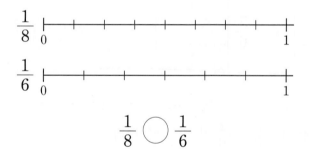

$$\frac{1}{4} \bigcirc \frac{1}{5}$$

04 분수의 크기를 비교하여 가장 큰 분수에 ○표 하세요.

$$\frac{1}{11} \qquad \frac{1}{3} \qquad \frac{1}{9}$$

05 $\frac{1}{5}$보다 큰 분수를 모두 찾아 색칠해 보세요.

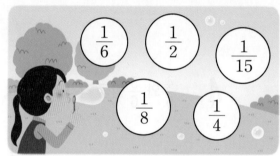

힌트 톡! { 단위분수는 분모가 작을수록 더 큰 수야.

교과역량 콕! 문제해결 | 의사소통

06 미나와 도율이는 모양과 크기가 같은 도화지를 각각 한 장씩 가지고 있습니다. 도화지를 더 많이 사용한 사람은 누구인가요?

난 도화지를 전체의 $\frac{1}{5}$만큼 사용했어.

난 도화지를 전체의 $\frac{1}{7}$만큼 사용했어.

미나　　　　　　　도율

( )

4 분모가 같은 분수의 크기 비교   개념 136쪽

07 주어진 분수만큼 각각 색칠하고, ○ 안에 >, =, <를 알맞게 써넣으세요.

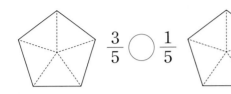

$\dfrac{3}{5}$ ○ $\dfrac{1}{5}$

08 두 분수의 크기를 바르게 비교한 것에 ○표 하세요.

$\dfrac{3}{6} < \dfrac{2}{6}$ $\dfrac{8}{9} > \dfrac{5}{9}$

(   )   (   )

09 규민이와 연서가 말한 분수의 크기를 비교하려고 합니다. 물음에 답하세요.

$\dfrac{1}{8}$이 5개인 수 $\dfrac{1}{8}$이 7개인 수

규민   연서

(1) 규민이와 연서가 말한 수를 분수로 각각 나타내세요.

규민 (   )

연서 (   )

(2) 규민이와 연서 중에서 더 큰 수를 말한 사람은 누구인가요?

(   )

10 크기가 작은 분수부터 차례로 쓰세요.

$\dfrac{6}{15}$ $\dfrac{2}{15}$ $\dfrac{8}{15}$

(   )

11 두 분수의 크기를 비교하여 ○ 안에 >, =, <를 알맞게 써넣으세요.

$\dfrac{1}{9}$이 7개인 수 ○ $\dfrac{5}{9}$

12 준호와 리아는 양이 똑같은 우유를 한 팩씩 받았습니다. 준호는 한 팩의 $\dfrac{6}{7}$만큼 마셨고, 리아는 한 팩의 $\dfrac{3}{7}$만큼 마셨습니다. 우유를 더 많이 마신 사람은 누구인가요?

(   )

교과역량 콕! 문제해결 | 추론

13 조건을 만족하는 분수를 쓰세요.

- 분모가 11인 분수입니다.
- 분자는 짝수입니다.
- $\dfrac{3}{11}$보다 크고 $\dfrac{6}{11}$보다 작습니다.

(   )

STEP 1 교과서 개념 잡기

5 소수 알아보기

1보다 작은 소수

$\dfrac{1}{10}$, $\dfrac{2}{10}$, $\dfrac{3}{10}$, ..., $\dfrac{9}{10}$를 0.1, 0.2, 0.3, ..., 0.9라고 합니다.

0.1, 0.2, 0.3과 같은 수를 **소수**라 하고, '.'을 **소수점**이라고 합니다.

분수		$\dfrac{1}{10}$	$\dfrac{2}{10}$	$\dfrac{3}{10}$	...	$\dfrac{9}{10}$
소수	쓰기	0.1	0.2	0.3	...	0.9
	읽기	영점일	영점이	영점삼	...	영점구

$\dfrac{\blacksquare}{10} = 0.\blacksquare$

1보다 큰 소수

$5\,mm = \dfrac{5}{10}\,cm = 0.5\,cm$

6 cm보다 0.5 cm 더 긴 길이
→ 색연필의 길이: 6.5 cm
→ 6과 0.5만큼을 6.5라고 합니다.

쓰기 6.5   읽기 육 점 오

개념 확인 1 1보다 작은 소수를 알아보세요.

분수		$\dfrac{1}{10}$	$\dfrac{2}{10}$	$\dfrac{3}{10}$	...	$\dfrac{9}{10}$
소수	쓰기	0.☐	0.☐	0.☐	...	0.☐
	읽기	영점☐	영점☐	영점☐	...	영점☐

개념 확인 2 연필의 길이를 알아보세요.

5 cm보다 0.8 cm 더 긴 길이
→ 연필의 길이: ☐ cm

3 1 cm를 똑같이 10으로 나누었습니다. ☐ 안에 알맞은 수나 말을 써넣으세요.

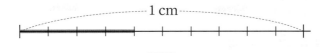

(1) 색칠한 부분(▬)을 분수로 나타내면 $\dfrac{☐}{☐}$ cm입니다.

(2) 색칠한 부분을 소수로 나타내면 ☐ cm라 쓰고 ☐ 센티미터라고 읽습니다.

4 색칠한 부분을 소수로 쓰고, 읽어 보세요.

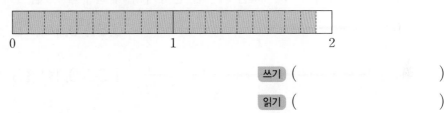

쓰기 (   )

읽기 (   )

5 주어진 소수를 수직선에 ▬으로 나타내세요.

(1) 1.8

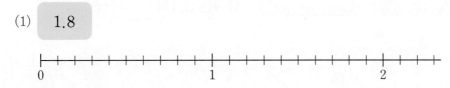

(2) 2.2

6 ☐ 안에 알맞은 수를 써넣으세요.

(1) 0.6은 0.1이 ☐ 개입니다.   (2) 0.1이 8개이면 ☐ 입니다.

(3) 4.2는 0.1이 ☐ 개입니다.   (4) 0.1이 27개이면 ☐ 입니다.

개념 강의

6 소수의 크기 비교

0.7과 0.4의 크기 비교

소수점 왼쪽의 수가 같으면 소수점 오른쪽의 수가 클수록 더 큽니다.

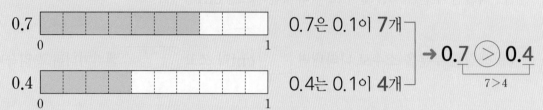

0.7은 0.1이 **7**개
0.4는 0.1이 **4**개

→ 0.7 > 0.4
7>4

0.8과 1.3의 크기 비교

소수점 왼쪽의 수가 다르면 소수점 왼쪽의 수가 클수록 더 큽니다.

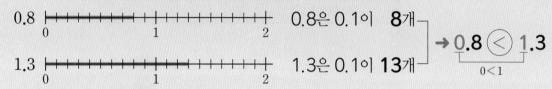

0.8은 0.1이 **8**개
1.3은 0.1이 **13**개

→ 0.8 < 1.3
0<1

개념 확인 1 0.6과 0.9의 크기를 비교해 보세요.

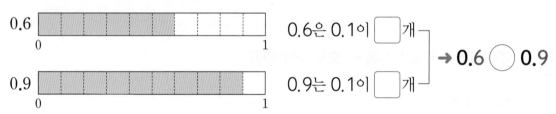

0.6은 0.1이 ☐개
0.9는 0.1이 ☐개

→ 0.6 ◯ 0.9

개념 확인 2 0.5와 1.7의 크기를 비교해 보세요.

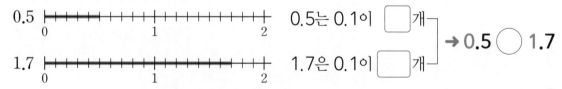

0.5는 0.1이 ☐개
1.7은 0.1이 ☐개

→ 0.5 ◯ 1.7

3 0.5와 0.9 중에서 어느 소수가 더 큰지 알아보려고 합니다. 물음에 답하세요.

(1) 0.5와 0.9만큼 각각 색칠해 보세요.

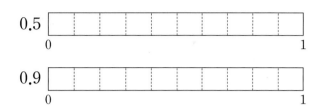

(2) 0.5와 0.9의 크기를 비교하여 알맞은 말에 ◯표 하세요.

0.5는 0.9보다 더 (큽니다 , 작습니다).

4 그림을 보고 ◯ 안에 >, =, <를 알맞게 써넣으세요.

```
   3        3.3        3.7        4
```

3.3 ◯ 3.7

5 ☐ 안에 알맞은 수를 써넣고, ◯ 안에 >, =, <를 알맞게 써넣으세요.

4.6은 0.1이 ☐ 개
4.9는 0.1이 ☐ 개 → 4.6 ◯ 4.9

6 두 소수의 크기를 비교하여 ◯ 안에 >, =, <를 알맞게 써넣으세요.

(1) 0.6 ◯ 0.7   (2) 5.4 ◯ 5.2

(3) 0.2 ◯ 1.2   (4) 4.8 ◯ 6.1

5 소수 알아보기 개념 140쪽

01 ☐ 안에 알맞은 분수나 소수를 써넣으세요.

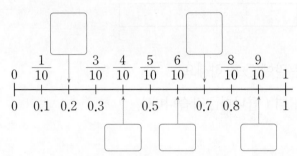

02 주어진 소수만큼 색칠해 보세요.

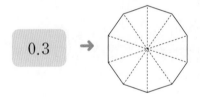

03 머리핀의 길이는 4 cm보다 8 mm 더 깁니다. ☐ 안에 알맞은 소수를 써넣으세요.

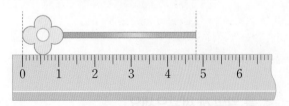

8 mm는 ☐ cm이므로 머리핀의 길이를 소수로 나타내면 ☐ cm입니다.

04 그림을 보고 ☐ 안에 알맞은 수나 말을 써넣으세요.

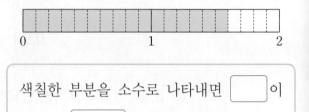

색칠한 부분을 소수로 나타내면 ☐ 이라 쓰고 ☐ 이라고 읽습니다.

05 색칠한 부분을 분수와 소수로 각각 나타내세요.

분수 (   )
소수 (   )

06 칠판에 적혀진 수를 소수로 쓰고, 읽어 보세요.

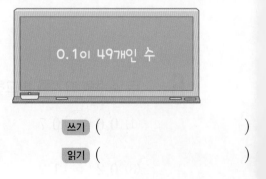

쓰기 (   )

읽기 (   )

07 같은 것끼리 이어 보세요.

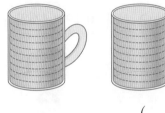  

(1) $\frac{3}{10}$ · · 0.1 · · 영 점 칠

(2) $\frac{1}{10}$ · · 0.3 · · 영 점 삼

(3) $\frac{7}{10}$ · · 0.7 · · 영 점 일

교과역량 콕! 문제해결

08 그림을 보고 오렌지주스는 모두 몇 컵인지 소수로 나타내세요.

(   )

09 색칠한 부분은 전체의 얼마인지 분수와 소수로 나타내려고 합니다. <u>잘못</u> 설명한 사람의 이름을 쓰세요.

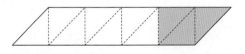

연희: 분수로 나타내면 $\frac{3}{10}$이야.

진호: 소수로 나타내면 0.3이라 쓰고 영 삼 이라고 읽어.

승주: 0.1이 3개인 수야.

(   )

10 색 테이프 1 m를 똑같이 10조각으로 나누어 그중 민서가 4조각, 효주가 6조각을 가졌습니다. 민서와 효주가 가진 색 테이프의 길이는 각각 몇 m인지 소수로 나타내세요.

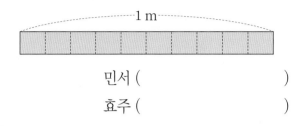

민서 (   )

효주 (   )

힌트 톡! 0.1 m가 몇 개인지 생각해 봐.

11 정현이가 키우는 버섯의 길이가 어제는 7 cm였고, 오늘은 어제보다 4 mm 더 자랐습니다. 오늘 버섯의 길이는 몇 cm인지 소수로 나타내세요.

(   )

교과역량 콕! 의사소통 | 연결

12 현주의 일기를 읽고 현주네 가족이 먹은 피자를 소수로 나타내세요.

ㅇ월 ㅇ일 ㅇ요일

오늘 가족과 함께 피자를 먹었다. 우리 가족은 똑같이 나누어진 피자 10조각 중에 7조각을 먹었다. 다음에는 다른 맛 피자도 시켜서 먹어보고 싶다.

(   )

6 소수의 크기 비교 개념 142쪽

13 □ 안에 알맞은 수를 써넣으세요.

1.7은 0.1이 □개이고, 1.4는 0.1이

□개입니다.

→ 1.7과 1.4 중 더 큰 소수는 □ 입니다.

14 그림을 보고 ○ 안에 >, =, <를 알맞게 써넣으세요.

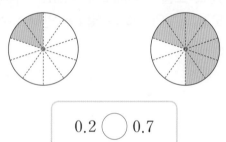

0.2 ◯ 0.7

15 가장 작은 소수를 말한 사람은 누구인가요?

0.7 4.2 3.3
현우 주경 연서

(   )

16 찬혁이네 집에서 각 장소까지 다음과 같이 떨어져 있습니다. 학교와 도서관 중 찬혁이네 집에서 더 가까운 곳은 어디인가요?

학교	도서관
1.8 km	2.4 km

(   )

힌트
톡! 거리를 나타내는 소수의 크기를 비교해 봐.

교과역량 쏙! 정보처리

17 미나와 준호가 말한 소수의 크기를 비교하려고 합니다. 물음에 답하세요.

6과 0.7만큼인 수   0.1이 64개인 수
미나   준호

(1) 미나와 준호가 말한 수를 소수로 각각 나타내세요.

미나 (   )

준호 (   )

(2) 미나와 준호 중에서 더 큰 수를 말한 사람은 누구인가요?

(   )

18 3.2보다 큰 수를 찾아 ○표 하세요.

2.8   1.9   5.4

19 두 소수의 크기를 비교하여 ○ 안에 >, =, < 를 알맞게 써넣으세요.

(1) 0.8 ○ 0.1이 9개인 수

(2) 0.1이 45개인 수 ○ 4.5

20 큰 수부터 차례로 ( ) 안에 1, 2, 3을 써넣으세요.

팔 점 삼 ( )

8과 0.6만큼인 수 ( )

0.1이 81개인 수 ( )

21 두 소수의 크기를 바르게 비교한 것에 ○표 하세요.

0.6 > 1 0.5 < 0.8

( ) ( )

22 4.8보다 작은 수는 모두 몇 개일까요?

1.9 5.4 4.2 4.9

( )

23 지민이가 가진 수수깡의 길이는 75 mm이고, 윤석이가 가진 수수깡의 길이는 8.3 cm입니다. 길이가 더 긴 수수깡을 가지고 있는 사람은 누구인가요?

( )

교과역량 콕! 문제해결 | 추론

24 주어진 〈조건〉에 알맞은 소수를 가지고 있는 동물의 이름을 쓰세요.

〈 조건 〉
· 0.3보다 큰 수입니다.
· $\frac{7}{10}$보다 작은 수입니다.

0.9 0.5 0.2
원숭이 하마 호랑이

( )

1

남은 **부분**을 분수로 나타내려고 합니다. 풀이 과정을 쓰고, 답을 구하세요.

[1단계] 남은 부분은 전체의 얼마인지 알아보기

남은 부분은 전체를 똑같이 [ ]로 나눈 것 중의

[ ]입니다.

[2단계] 남은 부분을 분수로 나타내기

따라서 남은 부분을 분수로 나타내면 [ ]입니다.

답

2

먹은 **부분**을 분수로 나타내려고 합니다. 풀이 과정을 쓰고, 답을 구하세요.

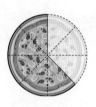

[1단계] 먹은 부분은 전체의 얼마인지 알아보기

_____

_____

[2단계] 먹은 부분을 분수로 나타내기

_____

답

3

텃밭을 똑같이 10칸으로 나누어 당근과 무를 심었습니다. **무를 심은 부분**은 전체의 얼마인지 소수로 나타내는 풀이 과정을 쓰고, 답을 구하세요.

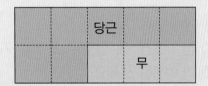

[1단계] 무를 심은 부분은 몇 칸인지 구하기

무를 심은 부분은 전체를 똑같이 10칸으로 나눈 것 중의 [ ]칸입니다.

[2단계] 무를 심은 부분을 소수로 나타내기

따라서 무를 심은 부분을 소수로 나타내면 [ ]입니다.

답

4

꽃밭을 똑같이 10칸으로 나누어 튤립과 수선화를 심었습니다. **튤립을 심은 부분**은 전체의 얼마인지 소수로 나타내는 풀이 과정을 쓰고, 답을 구하세요.

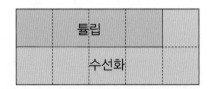

[1단계] 튤립을 심은 부분은 몇 칸인지 구하기

_____

_____

[2단계] 튤립을 심은 부분을 소수로 나타내기

_____

답

5

1부터 9까지의 수 중에서 ■에 알맞은 수는 모두 몇 개인지 풀이 과정을 쓰고, 답을 구하세요.

$$\frac{3}{7} > \frac{\blacksquare}{7}$$

(1단계) ■에 알맞은 수 모두 구하기

$\frac{3}{7}$보다 작은 분수가 되려면 분자가 ▢보다 작아

야 하므로 ▢, ▢입니다.

(2단계) ■에 알맞은 수는 모두 몇 개인지 구하기

따라서 ■에 알맞은 수는 모두 ▢개입니다.

답

6

1부터 9까지의 수 중에서 ■에 알맞은 수는 모두 몇 개인지 풀이 과정을 쓰고, 답을 구하세요.

$$\frac{5}{9} > \frac{\blacksquare}{9}$$

(1단계) ■에 알맞은 수 모두 구하기

_____

_____

(2단계) ■에 알맞은 수는 모두 몇 개인지 구하기

_____

_____

답

7

미나가 가지고 있는 연필의 길이는 몇 cm인지 소수로 나타내세요.

 미나

내 연필의 길이는 13 cm 8 mm야.

(1단계) 8 mm를 cm 단위로 나타내기

1 mm = ▢ cm이므로

8 mm = ▢ cm입니다.

(2단계) 연필의 길이는 몇 cm인지 소수로 나타내기

연필의 길이는 13 cm보다 ▢ cm 더 긴 길이

이므로 ▢ cm입니다.

답

8 창의형

내가 가지고 있는 연필의 길이를 자로 재어 보고, 몇 cm인지 소수로 나타내세요.

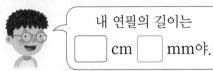

내 연필의 길이는 ▢ cm ▢ mm야.

(1단계) mm 단위를 cm 단위로 나타내기

1 mm = ▢ cm이므로

▢ mm = ▢ cm입니다.

(2단계) 연필의 길이는 몇 cm인지 소수로 나타내기

연필의 길이는 ▢ cm보다 ▢ cm 더 긴 길

이이므로 ▢ cm입니다.

답

01 똑같이 나누어지지 <u>않은</u> 도형에 ○표 하세요.

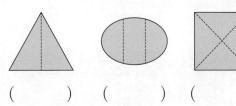

(   )   (   )   (   )

02 □ 안에 알맞은 수를 써넣고, 색칠한 부분은 전체의 얼마인지 분수로 쓰고, 읽어 보세요.

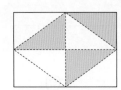

색칠한 부분은 전체를 똑같이 □로 나눈 것 중의 □입니다.

쓰기 (   )

읽기 (   )

03 □ 안에 알맞은 소수를 써넣으세요.

0.1이 5개이면 □입니다.

04 단위분수를 모두 찾아 ○표 하세요.

$\frac{1}{6}$ $\frac{5}{9}$ $\frac{1}{13}$ $\frac{3}{4}$

05 색칠한 부분을 소수로 쓰고, 읽어 보세요.

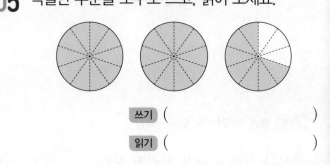

쓰기 (   )

읽기 (   )

06 주어진 분수만큼 색칠해 보세요.

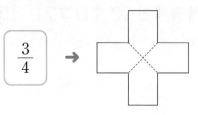

$\frac{3}{4}$ →

07 두 가지 방법으로 도형을 각각 똑같이 여섯으로 나누어 보세요.

08 주어진 분수만큼 각각 색칠하고, ○ 안에 >, =, <를 알맞게 써넣으세요.

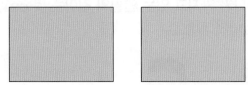

$\frac{2}{5}$

$\frac{3}{5}$

$\frac{2}{5}$ ○ $\frac{3}{5}$

09 색칠한 부분을 분수와 소수로 각각 나타내세요.

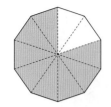

분수	소수

10 색칠한 부분과 색칠하지 않은 부분을 각각 분수로 나타내세요.

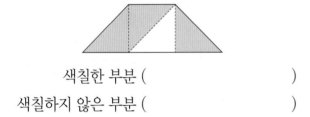

색칠한 부분 (   )

색칠하지 않은 부분 (   )

11 두 소수의 크기를 비교하여 ○ 안에 >, =, < 를 알맞게 써넣으세요.

2.7 ○ 2.8

12 $\frac{1}{5}$ 보다 큰 분수를 모두 찾아 ○표 하세요.

$\frac{1}{3}$ $\frac{1}{9}$ $\frac{1}{12}$ $\frac{1}{4}$

13 색칠한 부분이 $\frac{3}{5}$ 을 나타내는 것을 찾아 기호를 쓰세요.

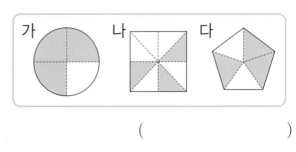

(   )

14 작은 수부터 차례로 ○ 안에 1, 2, 3을 써넣으세요.

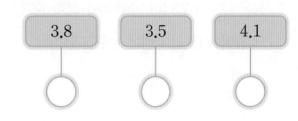

15 빨간색 털실의 길이는 9 cm이고, 노란색 털실의 길이는 빨간색 털실의 길이보다 2 mm 더 깁니다. 노란색 털실의 길이는 몇 cm인지 소수로 나타내세요.

(   )

16 부분을 보고 전체를 그려 보세요.

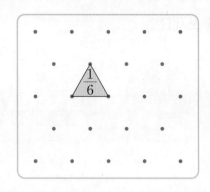

17 수정이의 한 걸음은 $\frac{7}{16}$ m이고, 정화의 한 걸음은 $\frac{5}{16}$ m입니다. 수정이와 정화 중 한 걸음의 길이가 더 긴 사람은 누구인가요?

(   )

18 가장 큰 수를 찾아 기호를 쓰세요.

> ㉠ 육 점 오
> ㉡ 6과 0.2만큼인 수
> ㉢ 0.1이 68개인 수

(   )

19 남은 부분을 분수로 나타내려고 합니다. 풀이 과정을 쓰고, 답을 구하세요.

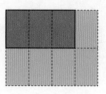

풀이

답

20 텃밭을 똑같이 10칸으로 나누어 감자와 고구마를 심었습니다. 감자를 심은 부분은 전체의 얼마인지 소수로 나타내는 풀이 과정을 쓰고, 답을 구하세요.

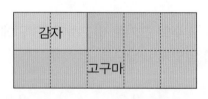

풀이

답

창의력 쑥쑥

마방진은 →, ↓, ↘, ↗ 방향에 놓인 수들의 합이 모두 같아지도록
정사각형 모양으로 수를 놓는 게임이에요.
여러분들도 현민이처럼 마방진에 도전해 볼까요?

→, ↓, ↘, ↗ 방향으로
놓인 세 수의 합이
모두 15가 되도록 채웠어.

4	9	2
3	5	7
8	1	6

네 수의 합이 34가 되도록
1부터 16까지의 수를
하나씩 써넣어 봐.

16	3		13
		11	8
9	6		
4		14	1

정답은 개념책 158쪽에서 확인하세요.

01 계산해 보세요.

1단원 | 개념①

$$
\begin{array}{r}
2\ 6\ 5 \\
+\ 4\ 1\ 3 \\
\hline
\end{array}
$$

02 그림을 보고 각의 이름, 꼭짓점, 변을 쓰세요.

2단원 | 개념②

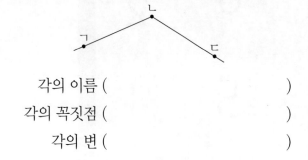

각의 이름 (   )

각의 꼭짓점 (   )

각의 변 (   )

03 그림을 보고 ☐ 안에 알맞은 수를 써넣으세요.

4단원 | 개념①

$10 \times \boxed{} = \boxed{}$

04 ☐ 안에 알맞은 수를 써넣으세요.

5단원 | 개념①

$163\,mm = \boxed{}\,cm\ \boxed{}\,mm$

05 ☐ 안에 알맞은 수를 써넣으세요.

5단원 | 개념②

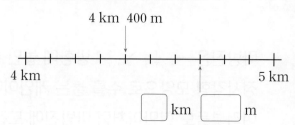

$\boxed{}\,km\ \boxed{}\,m$

06 사탕 24개를 한 명에게 4개씩 주면 몇 명에게 나누어 줄 수 있는지 ☐ 안에 알맞은 수를 써넣으세요.

3단원 | 개념①

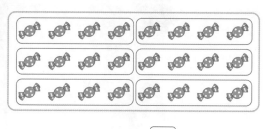

$24 \div 4 = \boxed{}$

➡ $\boxed{}$ 명에게 나누어 줄 수 있습니다.

07 색칠한 부분은 전체의 얼마인지 분수로 쓰고, 읽어 보세요.

6단원 | 개념②

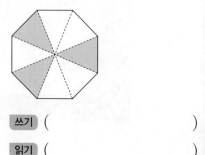

쓰기 (   )

읽기 (   )

2단원 | 개념 ④

08 직사각형을 모두 찾아 기호를 쓰세요.

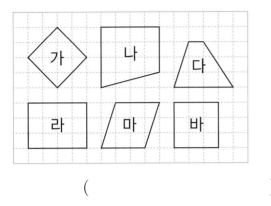

(   )

3단원 | 개념 ②

09 곱셈식을 나눗셈식으로 나타내세요.

$$8 \times 5 = 40$$

$$40 \div \boxed{} = 5$$

$$\boxed{} \div 5 = \boxed{}$$

4단원 | 개념 ①

10 같은 것끼리 이어 보세요.

(1) 23×3 •

(2) 43×2 •

• 86

• 69

• 96

6단원 | 개념 ②

11 주어진 분수만큼 색칠해 보세요.

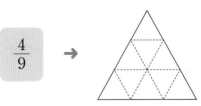

전단원
총정리

2단원 | 개념 ④

12 다음 도형은 정사각형입니다. ☐ 안에 알맞은 수를 써넣으세요.

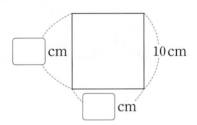

3단원 | 개념 ③

13 금붕어 36마리를 어항 9개에 똑같이 나누어 담으려고 합니다. 어항 한 개에 금붕어를 몇 마리씩 담아야 하는지 구하세요.

식 _____

답 _____

1단원 | 개념 ②

14 계산 결과를 비교하여 ○ 안에 >, =, <를 알맞게 써넣으세요.

$$746+128 \bigcirc 629+236$$

1단원 | 개념 ③

17 야구장에 입장한 남자는 278명이고, 여자는 남자보다 156명 더 많습니다. 야구장에 입장한 여자는 몇 명인지 구하세요.

식

답

4단원 | 개념 ③

15 빈칸에 알맞은 수를 써넣으세요.

×

16	4	
38	2	

6단원 | 개념 ④

18 가장 큰 분수를 찾아 ○표 하세요.

$\dfrac{1}{15}$이 7개인 수   (   )

$\dfrac{1}{15}$이 10개인 수   (   )

$\dfrac{1}{15}$이 4개인 수   (   )

2단원 | 개념 ①

16 주어진 점을 이용하여 선분 ㄱㄴ, 반직선 ㄷㄹ, 직선 ㅁㅂ을 각각 그어 보세요.

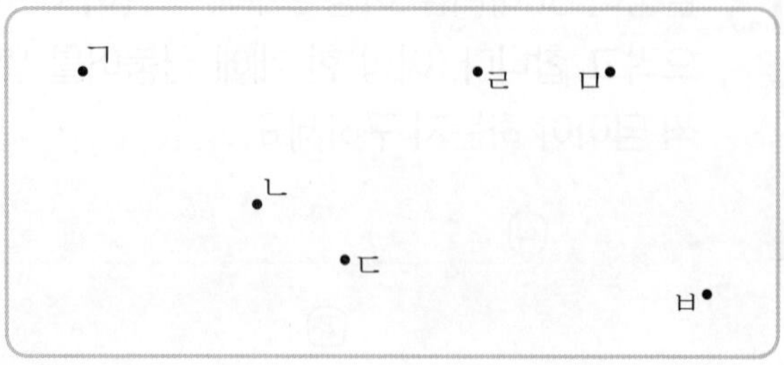

ㄱ•   •ㄹ ㅁ•
    •ㄴ
  •ㄷ
         ㅂ•

3단원 | 개념 ③

19 계산 결과가 큰 것부터 차례로 기호를 쓰세요.

㉠ 48÷6   ㉡ 54÷9   ㉢ 25÷5

(   )

20 어제 오전에 내린 비의 양은 2 cm이고, 오후에 내린 비의 양은 9 mm입니다. 어제 내린 비의 양은 모두 몇 cm인지 소수로 나타내세요.

( )

6단원 | 개념 ⑤

21 찬호, 유리, 승주의 철봉 매달리기 기록입니다. 가장 오래 매달린 사람의 이름을 쓰세요.

찬호	유리	승주
156초	2분 30초	160초

( )

5단원 | 개념 ④

22 차가 214인 두 수를 골라 뺄셈식을 만들려고 합니다. ☐ 안에 알맞은 수를 써넣으세요.

| 458 | 895 | 672 |

☐ − ☐ = 214

1단원 | 개념 ⑥

23 영화가 시작한 시각과 끝난 시각입니다. 이 영화의 상영 시간은 몇 시간 몇 분 몇 초인지 구하세요.

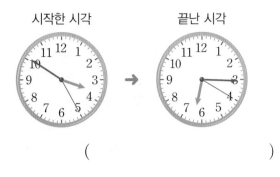

시작한 시각   끝난 시각

( )

5단원 | 개념 ⑥

24 탁구공이 한 상자에 8개씩 4줄로 들어 있습니다. 7상자에 들어 있는 탁구공은 모두 몇 개인지 구하세요.

( )

4단원 | 개념 ④

25 주어진 〈 조건 〉에 알맞은 소수는 모두 몇 개인지 구하세요.

〈 조건 〉
- 0.5보다 큰 수입니다.
- $\frac{9}{10}$ 보다 작은 수입니다.

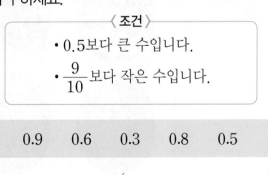

| 0.9 | 0.6 | 0.3 | 0.8 | 0.5 |

( )

6단원 | 개념 ⑥

전단원
총정리

창의력 쑥쑥 정답

037쪽

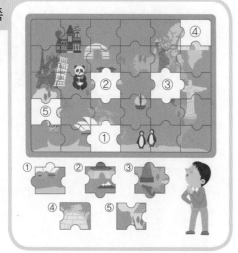

059쪽

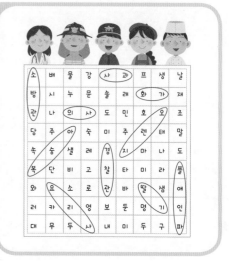

077쪽

099쪽

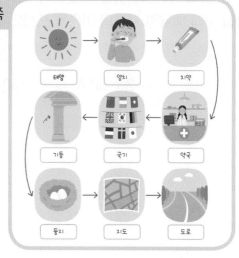

125쪽

153쪽

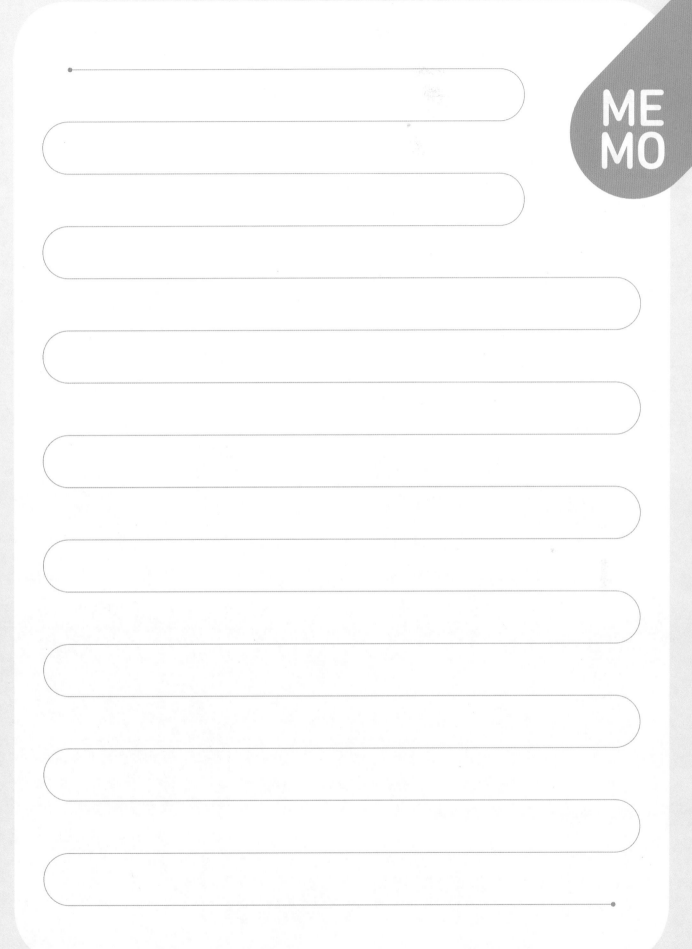

MEMO

MEMO

동아출판
초등 무료
스마트러닝

무료
스마트
러닝

동아출판 초등 **무료 스마트러닝**으로 쉽고 재미있게!

목별·영역별 특화 강의

수학 개념 강의

국어 독해 지문 분석 강의

구구단 송

그림으로 이해하는 비주얼씽킹 강의

과학 실험 동영상 강의

과목별 문제 풀이 강의

비스 제공 교재   큐브 | 백점 과학 | 빠작 초등 국어 | 초능력 | 초고필 | 하이탑 초등 과학

큐브 개념

초등 수학

3·1

기본 강화책

기초력 더하기 | 수학익힘 다잡기

동아출판

기본 강화책

[1-9] 계산해 보세요.

1
```
    4 3 6
  + 2 5 2
```

2
```
    3 6 2
  + 6 1 7
```

3
```
    2 4 6
  + 2 2 3
```

4
```
    5 2 4
  + 3 0 3
```

5
```
    5 5 6
  + 2 1 1
```

6
```
    2 4 5
  + 6 3 1
```

7
```
    1 3 5
  + 4 2 4
```

8
```
    3 7 0
  + 4 2 7
```

9
```
    6 2 1
  + 2 5 8
```

[10-18] 계산해 보세요.

10 124+751

11 652+247

12 222+341

13 374+421

14 531+156

15 448+231

16 205+342

17 733+256

18 382+504

2. 받아올림이 한 번 있는 (세 자리 수)+(세 자리 수)

개념책 010쪽 ● 정답 35쪽

[1~9] 계산해 보세요.

1 $\begin{array}{r} 326 \\ +\ 249 \\ \hline \end{array}$

2 $\begin{array}{r} 137 \\ +\ 756 \\ \hline \end{array}$

3 $\begin{array}{r} 281 \\ +\ 572 \\ \hline \end{array}$

4 $\begin{array}{r} 637 \\ +\ 214 \\ \hline \end{array}$

5 $\begin{array}{r} 545 \\ +\ 425 \\ \hline \end{array}$

6 $\begin{array}{r} 192 \\ +\ 347 \\ \hline \end{array}$

7 $\begin{array}{r} 359 \\ +\ 628 \\ \hline \end{array}$

8 $\begin{array}{r} 436 \\ +\ 282 \\ \hline \end{array}$

9 $\begin{array}{r} 265 \\ +\ 553 \\ \hline \end{array}$

[10~18] 계산해 보세요.

10 $413+127$

11 $246+645$

12 $563+354$

13 $664+173$

14 $468+215$

15 $136+528$

16 $475+382$

17 $227+517$

18 $375+192$

[1~9] 계산해 보세요.

1
```
    1 7 5
  + 4 8 6
```

2
```
    5 3 8
  + 2 9 4
```

3
```
    4 7 6
  + 3 2 9
```

4
```
    5 4 5
  + 8 6 8
```

5
```
    6 5 7
  + 5 7 6
```

6
```
    7 7 5
  + 9 4 5
```

7
```
    2 8 7
  + 7 9 7
```

8
```
    8 4 6
  + 3 9 5
```

9
```
    5 9 8
  + 6 8 4
```

[10~18] 계산해 보세요.

10 684＋137

11 496＋236

12 358＋379

13 567＋135

14 296＋228

15 349＋784

16 642＋669

17 846＋675

18 587＋418

4. 받아내림이 없는 (세 자리 수)－(세 자리 수)

개념책 020쪽 ● 정답 35쪽

[1~9] 계산해 보세요.

1
$$\begin{array}{r} 576 \\ -\ 134 \\ \hline \end{array}$$

2
$$\begin{array}{r} 429 \\ -\ 213 \\ \hline \end{array}$$

3
$$\begin{array}{r} 665 \\ -\ 342 \\ \hline \end{array}$$

4
$$\begin{array}{r} 878 \\ -\ 526 \\ \hline \end{array}$$

5
$$\begin{array}{r} 675 \\ -\ 242 \\ \hline \end{array}$$

6
$$\begin{array}{r} 895 \\ -\ 121 \\ \hline \end{array}$$

7
$$\begin{array}{r} 536 \\ -\ 224 \\ \hline \end{array}$$

8
$$\begin{array}{r} 746 \\ -\ 325 \\ \hline \end{array}$$

9
$$\begin{array}{r} 987 \\ -\ 615 \\ \hline \end{array}$$

[10~18] 계산해 보세요.

10 $768-341$

11 $953-252$

12 $587-175$

13 $396-263$

14 $869-434$

15 $583-271$

16 $497-325$

17 $645-332$

18 $873-252$

[1-9] 계산해 보세요.

1
$$\begin{array}{r} 5\ 6\ 5 \\ -\ 3\ 5\ 8 \\ \hline \end{array}$$

2
$$\begin{array}{r} 9\ 9\ 4 \\ -\ 5\ 7\ 7 \\ \hline \end{array}$$

3
$$\begin{array}{r} 7\ 3\ 6 \\ -\ 5\ 4\ 5 \\ \hline \end{array}$$

4
$$\begin{array}{r} 8\ 6\ 8 \\ -\ 1\ 7\ 5 \\ \hline \end{array}$$

5
$$\begin{array}{r} 4\ 8\ 7 \\ -\ 2\ 4\ 9 \\ \hline \end{array}$$

6
$$\begin{array}{r} 9\ 2\ 4 \\ -\ 4\ 5\ 1 \\ \hline \end{array}$$

7
$$\begin{array}{r} 6\ 5\ 3 \\ -\ 1\ 2\ 8 \\ \hline \end{array}$$

8
$$\begin{array}{r} 5\ 1\ 7 \\ -\ 2\ 6\ 3 \\ \hline \end{array}$$

9
$$\begin{array}{r} 8\ 3\ 6 \\ -\ 4\ 5\ 3 \\ \hline \end{array}$$

[10-18] 계산해 보세요.

10 $475-256$

11 $363-127$

12 $579-287$

13 $775-439$

14 $645-264$

15 $586-268$

16 $726-183$

17 $937-582$

18 $894-357$

[1~9] 계산해 보세요.

1
$$\begin{array}{r} 4\ 3\ 2 \\ -\ 1\ 8\ 6 \\ \hline \end{array}$$

2
$$\begin{array}{r} 9\ 1\ 7 \\ -\ 3\ 4\ 8 \\ \hline \end{array}$$

3
$$\begin{array}{r} 5\ 5\ 3 \\ -\ 1\ 6\ 5 \\ \hline \end{array}$$

4
$$\begin{array}{r} 6\ 7\ 6 \\ -\ 2\ 9\ 7 \\ \hline \end{array}$$

5
$$\begin{array}{r} 8\ 2\ 1 \\ -\ 4\ 3\ 6 \\ \hline \end{array}$$

6
$$\begin{array}{r} 9\ 5\ 2 \\ -\ 7\ 8\ 3 \\ \hline \end{array}$$

7
$$\begin{array}{r} 4\ 1\ 5 \\ -\ 1\ 3\ 8 \\ \hline \end{array}$$

8
$$\begin{array}{r} 7\ 4\ 6 \\ -\ 3\ 8\ 9 \\ \hline \end{array}$$

9
$$\begin{array}{r} 7\ 1\ 4 \\ -\ 5\ 2\ 9 \\ \hline \end{array}$$

[10~18] 계산해 보세요.

10 341−178

11 435−259

12 523−247

13 714−456

14 862−394

15 332−148

16 657−378

17 820−679

18 906−268

1 수 모형을 보고 $234+312$를 계산해 보세요.

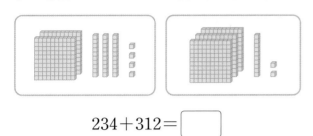

$$234+312=\boxed{}$$

2 계산해 보세요.

(1) $\begin{array}{r} 7\ 2\ 4 \\ +\ 1\ 3\ 1 \\ \hline \end{array}$ (2) $\begin{array}{r} 4\ 6\ 5 \\ +\ 5\ 0\ 2 \\ \hline \end{array}$

(3) $351+230$

(4) $780+106$

3 빈칸에 알맞은 수를 써넣으세요.

(1)
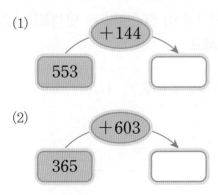

(2)

4 계산 결과를 비교하여 ○ 안에 >, =, <를 알맞게 써넣으세요.

$$307+291 \bigcirc 442+536$$

교과역량 콕!

5 세아가 어제 읽은 책은 203쪽이고, 오늘 읽은 책은 194쪽입니다. 세아가 어제와 오늘 읽은 책은 모두 몇 쪽인가요?

식 _____

답 _____

교과역량 콕!

6 덧셈식을 보고 ㉠, ㉡, ㉢에 각각 알맞은 수를 구하세요.

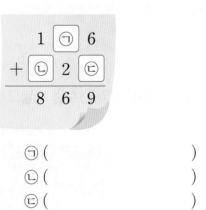

㉠ (   )

㉡ (   )

㉢ (   )

1 수 모형을 보고 325＋147을 계산해 보세요.

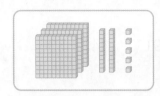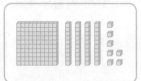

$$325＋147＝\boxed{}$$

2 계산해 보세요.

(1)
```
    1 0 9
  + 6 3 7
```
(2)
```
    6 1 5
  + 2 4 6
```

(3) 653＋128

(4) 247＋318

3 빈칸에 알맞은 수를 써넣으세요.

487	207	
655	238	

4 재윤이는 어제 줄넘기를 135번 했고, 오늘 148번 했습니다. 재윤이가 어제와 오늘 한 줄넘기는 모두 몇 번인가요?

식 _____

답 _____

교과역량 콕!

5 두 친구가 말하는 두 수의 합을 구해 보세요.

100이 3개, 10이 6개, 1이 9개인 수

100이 4개, 1이 3개인 수

준호   주경

(   )

6 두 수를 골라 합이 600보다 큰 덧셈식을 2가지 만들어 보세요.

359	106	425	218

$\boxed{}＋\boxed{}＝\boxed{}$

$\boxed{}＋\boxed{}＝\boxed{}$

1 수 모형을 보고 $165+257$을 계산해 보세요.

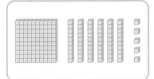 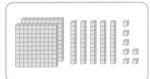

$$165+257= \boxed{}$$

2 계산해 보세요.

(1)
$$\begin{array}{r} 3\,2\,6 \\ +\,5\,9\,5 \\ \hline \end{array}$$

(2)
$$\begin{array}{r} 1\,4\,8 \\ +\,2\,5\,7 \\ \hline \end{array}$$

(3) $519+294$

(4) $643+298$

3 주은이가 농장에서 딸기를 어제는 327개 땄고, 오늘은 479개 땄습니다. 주은이가 어제와 오늘 딴 딸기는 모두 몇 개인가요?

식

답

4 계산 결과가 큰 것부터 차례로 기호를 쓰세요.

> ㉠ $245+538$
> ㉡ $689+249$
> ㉢ $593+218$

( )

교과역량 콕!
5 잘못 계산한 곳을 찾아 바르게 계산해 보세요.

$$\begin{array}{r} 7\,4\,8 \\ +\,2\,5\,9 \\ \hline 9\,0\,7 \end{array}\;\rightarrow\;\begin{array}{r} 7\,4\,8 \\ +\,2\,5\,9 \\ \hline \end{array}$$

교과역량 콕!
6 $869+495$에 알맞은 문제를 만들고, 답을 구하세요.

문제

답

1 305＋497이 약 얼마인지 어림셈으로 구하려고 합니다. 305와 497을 어림하여 그림에 ○표 하고, ☐ 안에 알맞은 수를 써넣으세요.

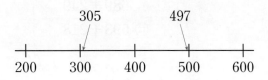

305   497

200   300   400   500   600

• 305를 어림한 수: 약 ☐

• 497을 어림한 수: 약 ☐

305＋497을 어림셈으로 구하면
약 ☐ 입니다.

2 라은이가 훌라후프를 어제는 401번, 오늘은 398번 했습니다. 라은이가 어제와 오늘 훌라후프를 약 몇 번 했는지 어림셈으로 구하세요.

약 ☐ ＋ ☐ ＝ ☐ (번)

3 어림셈을 하기 위한 식에 색칠해 보세요.

297＋101

↓

| 300＋100 | 200＋100 | 300＋200 |

4 602＋199가 약 얼마인지 어림셈으로 구하려고 합니다. 어림셈으로 구한 값을 찾아 ○표 하세요.

| 600 | 700 | 800 | 900 |

교과역량 콕!
5 명호가 편의점에서 1000원으로 종류가 다른 간식 2가지를 사려고 합니다. 살 수 있는 간식 2가지를 쓰세요.

| 캐러멜 290원 | 아이스크림 680원 | 삼각김밥 810원 |

(,   )

교과역량 콕!
6 오늘 경기장에 입장한 사람은 오전에 397명, 오후에 298명입니다. 오늘 오전과 오후에 경기장에 입장한 사람은 약 몇 명인지 어림셈으로 구한 값을 찾아 ○표 하고, 어떻게 구했는지 써 보세요.

| 600 | 700 | 800 | 900 |

방법 _____

_____

_____

1 수 모형을 보고 548−125를 계산해 보세요.

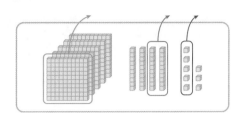

$$548-125=\boxed{}$$

2 계산해 보세요.

(1)
```
  6 8 5
− 3 6 1
───────
```

(2)
```
  3 9 7
− 2 4 4
───────
```

(3) 537−125

(4) 469−108

3 빈칸에 알맞은 수를 써넣으세요.

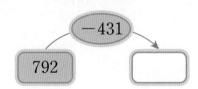

4 계산 결과가 더 큰 식에 색칠해 보세요.

(1)
| 986−352 | 759−354 |

(2)
| 645−424 | 379−152 |

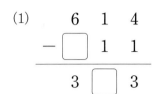

5 ☐ 안에 알맞은 수를 써넣으세요.

(1)
```
    6 1 4
−  ☐ 1 1
─────────
    3 ☐ 3
```

(2)
```
    8 5 7
−  2 ☐ 6
─────────
    6 2 ☐
```

6 진아네 학교 학생은 모두 498명입니다. 여학생이 257명이라면 남학생은 몇 명인가요?

식 _____

답 _____

교과역량 콕!
7 리아가 생각한 수를 구하세요.

리아

내가 생각한 수에 205를 더했더니 348이 되었어!

(_____)

6. 받아내림이 한 번 있는 세 자리 수의
뺄셈을 어떻게 할까요

1 수 모형을 보고 752−318을 계산해 보세요.

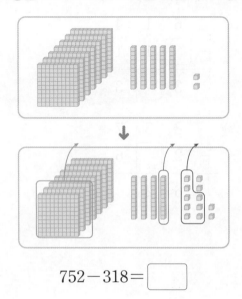

$$752-318=\boxed{}$$

2 계산해 보세요.

(1)
$$\begin{array}{r} 7\ 5\ 7 \\ -\ 6\ 2\ 9 \\ \hline \end{array}$$

(2)
$$\begin{array}{r} 5\ 8\ 0 \\ -\ 1\ 4\ 4 \\ \hline \end{array}$$

(3) $946-727$

(4) $561-208$

3 빈칸에 알맞은 수를 써넣으세요.

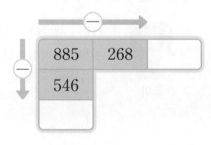

4 두 색 테이프의 길이의 차는 몇 cm인가요?

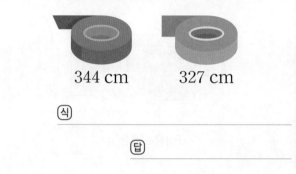

344 cm   327 cm

(식)

(답)

5 서점에 위인전이 586권, 과학책이 329권 있습니다. 위인전은 과학책보다 몇 권 더 많은가요?

위인전   과학책

(식)

(답)

교과역량 콕!

6 ☐ 안에 들어갈 수 있는 세 자리 수 중에서 가장 작은 수를 구하세요.

$$891-464<\boxed{}$$

(   )

1 수 모형을 보고 645−367을 계산해 보세요.

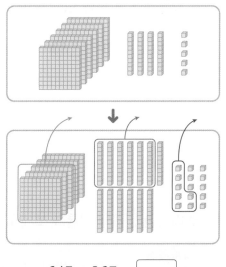

$$645-367=\boxed{}$$

2 계산해 보세요.

(1)
$$\begin{array}{r} 4\ 6\ 3 \\ -\ 1\ 6\ 8 \\ \hline \end{array}$$

(2)
$$\begin{array}{r} 6\ 2\ 5 \\ -\ 4\ 8\ 7 \\ \hline \end{array}$$

(3) 845−368

(4) 513−157

3 식에서 ● 안의 수 14가 실제로 나타내는 수를
써 보세요.

$$\begin{array}{r} \overset{8}{\cancel{9}}\ \overset{⑭}{\cancel{5}}\ \overset{10}{6} \\ -\ 4\ 6\ 9 \\ \hline 4\ 8\ 7 \end{array}$$

(　　　　　)

4 사탕 842개를 두 상자에 나누어 담았습니다. 한
상자에 395개를 담았다면, 다른 한 상자에는 몇
개 담았을까요?

식

답

5 두 수를 골라 차가 가장 큰 식을 만들어 계산해
보세요.

| 576 | 247 | 805 | 339 |

$$\boxed{}-\boxed{}=\boxed{}$$

6 종이 2장에 세 자리 수를 각각 써 놓았는데 한
장이 찢어져서 일부만 보입니다. 두 수의 합이
512일 때, 두 수의 차를 구하세요.

| 1 6 8 |　　| 3 ⌣ 4 |

(　　　　　)

1 809－607이 약 얼마인지 어림셈으로 구하려고 합니다. 809와 607을 어림하여 그림에 ○표 하고, ☐ 안에 알맞은 수를 써넣으세요.

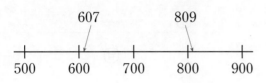

- 607을 어림한 수: 약 ☐
- 809를 어림한 수: 약 ☐

> 809－607을 어림셈으로 구하면
> 약 ☐ 입니다.

2 행사장에 899명이 들어왔고, 그중에서 205명이 나갔습니다. 행사장에 남아 있는 사람은 약 몇 명인지 어림셈으로 구하세요.

약 ☐ － ☐ ＝ ☐ (명)

3 어림셈을 하기 위한 식에 색칠해 보세요.

708－293

↓

800－200	700－300	700－200

4 904－589가 약 얼마인지 어림셈으로 구하려고 합니다. 어림셈으로 구한 값을 찾아 ○표 하세요.

100	200	300	400

5 바르게 어림한 친구의 이름을 쓰세요.

> 712－198은 500보다 클 것 같아.

도율

> 909－487은 400보다 작을 것 같아.

현우

(   )

교과역량 콕!

6 오늘 빵집에서 빵을 811개 만들고, 지금까지 184개 팔았습니다. 남은 빵은 약 몇 개인지 어림셈으로 구한 값을 찾아 ○표 하고, 어떻게 구했는지 써 보세요.

300	400	500	600

방법

_____

_____

기초력 더하기 1. 선의 종류 / 직각 알아보기

개념책 040쪽 ● 정답 39쪽

[1~6] 선분, 직선, 반직선 중에서 알맞은 이름을 쓰세요.

1
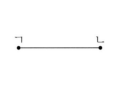

( )

2

( )

3
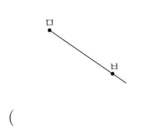

( )

4
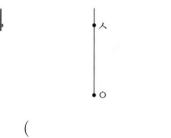

( )

5

( )

6

( )

[7~15] 도형을 보고 직각을 모두 찾아 ⌐ 로 표시해 보세요.

7

8

9

10
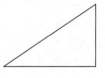

11
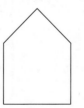

12
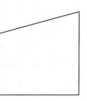

13
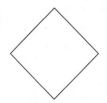

14

15
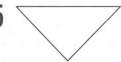

[1~9] 직각삼각형인 것에 ○표, 직각삼각형이 아닌 것에 ╳표 하세요.

1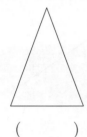

(   )

2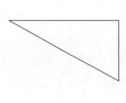

(   )

3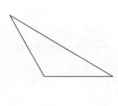

(   )

4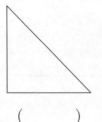

(   )

5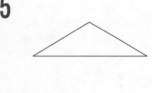

(   )

6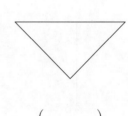

(   )

7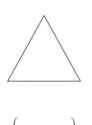

(   )

8

(   )

9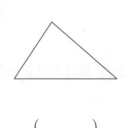

(   )

[10~13] 그어진 선분을 이용하여 직각삼각형을 완성해 보세요.

10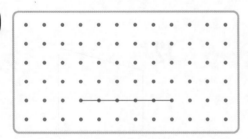

11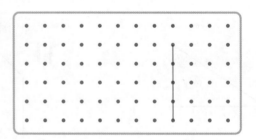

12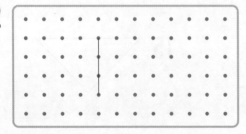

13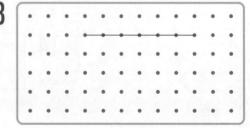

[1~9] 직사각형인 것에 ◯표, 직사각형이 아닌 것에 ✕표 하세요.

1
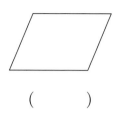
(   )

2

(   )

3

(   )

4
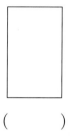
(   )

5

(   )

6
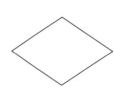
(   )

7
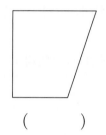
(   )

8
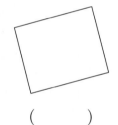
(   )

9
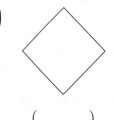
(   )

[10~13] 그어진 선분을 이용하여 정사각형을 완성해 보세요.

10
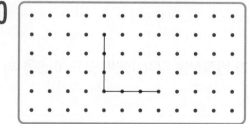

11
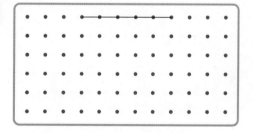

12
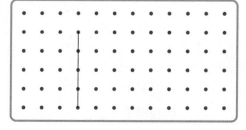

13
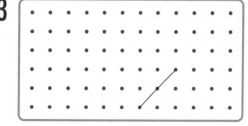

1 선분, 직선, 반직선을 모두 찾아 기호를 쓰세요.

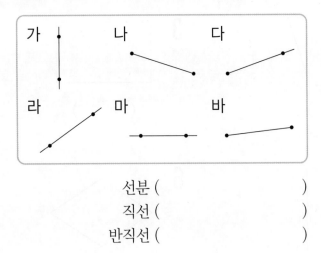

선분 ( )
직선 ( )
반직선 ( )

2 선분 ㄱㄴ을 찾아 ○표 하세요.

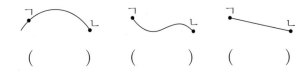

( ) ( ) ( )

3 반직선의 이름을 써 보세요.

(1) ㄷ   ㄹ

( )

(2) ㄷ   ㄹ

( )

4 선분 ㄴㄷ을 그어 보세요.

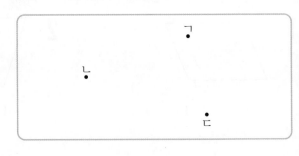

교과역량 콕!
5 잘못 설명한 사람의 이름을 쓰세요.

> 영훈: 선분은 두 점을 곧게 이은 선을 양쪽으
> 로 끝없이 늘인 선이야.
> 진아: 반직선 ㄱㄴ은 반직선 ㄴㄱ이라고 말
> 할 수 없어.

( )

교과역량 콕!
6 직선과 반직선을 각각 1개씩 긋고, 이름을 써 보
세요.

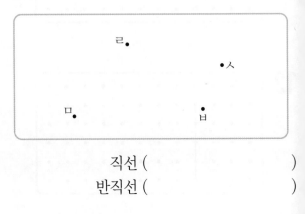

직선 ( )
반직선 ( )

개념책 044쪽 ● 정답 40쪽

1 □ 안에 알맞은 말을 써넣으세요.

한 점에서 그은 두 반직선으로
이루어진 도형을 □ 이라고 합니다.

2 각을 찾아 ○표 하세요.

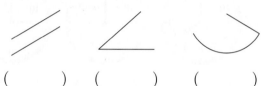

(   ) (   ) (   )

3 그림을 보고 각의 이름, 꼭짓점, 변을 쓰세요.

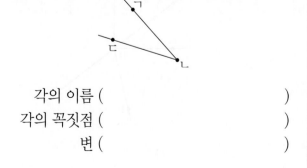

각의 이름 (   )
각의 꼭짓점 (   )
변 (   )

4 각 ㅇㅈㅅ을 그려 보세요.

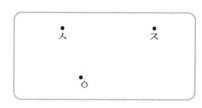

교과역량 **콕!**

5 도형에서 각을 모두 찾아 ○표 하고, 각이 몇 개
인지 쓰세요.

(1)   (2)

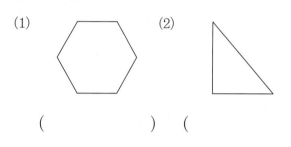

(   ) (   )

교과역량 **콕!**

6 각을 <u>잘못</u> 그린 이유를 쓰세요.

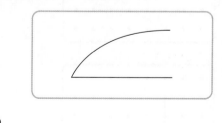

이유 _____

_____

_____

개념책 044쪽 • 정답 40쪽

1 그림과 같이 종이를 반듯하게 두 번 접었을 때 생기는 각을 무엇이라고 하는지 쓰세요.

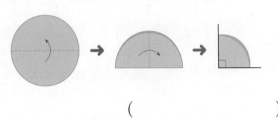

( )

2 직각을 찾아 ○표 하세요.

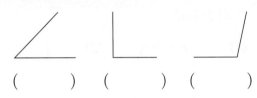

( ) ( ) ( )

3 직각을 완성해 보세요.

(1)

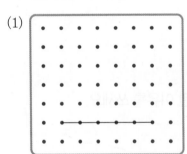

(2)

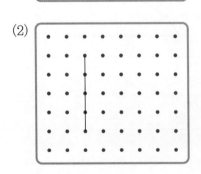

4 도형에서 직각을 모두 찾아 └ 로 표시하고, 직각이 몇 개인지 쓰세요.

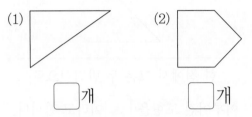

(1) ☐개 (2) ☐개

교과역량 콕!

5 시계의 긴바늘과 짧은바늘이 이루는 각이 직각인 것을 찾아 ○표 하세요.

( ) ( ) ( )

교과역량 콕!

6 직각을 찾아 쓰세요.

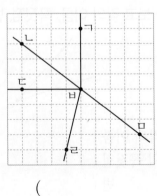

( )

개념책 050쪽 ● 정답 41쪽

1 어떤 도형에 대한 설명인지 이름을 쓰세요.

> • 3개의 선분으로 둘러싸인 도형입니다.
> • 한 각이 직각입니다.

(   )

2 직각삼각형을 모두 찾아 기호를 쓰세요.

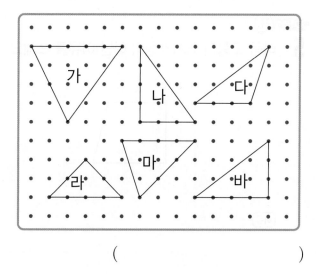

(   )

3 직각삼각형을 바르게 설명한 친구의 이름을 쓰세요.

직각이 1개 있어.
준호

세 각의 크기가 모두 같아.
주경

(   )

4 모양과 크기가 다른 직각삼각형을 2개 그려 보세요.

교과역량 콕!

5 색종이를 그림과 같이 선을 따라 자르면 직각삼각형은 모두 몇 개 만들어지나요?

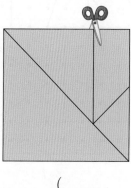

(   )

교과역량 콕!

6 꼭짓점을 한 개만 옮겨 직각삼각형이 되도록 그려 보세요.

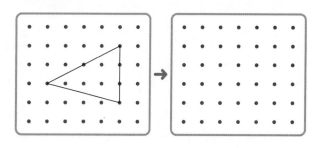

1 어떤 도형에 대한 설명인지 이름을 쓰세요.

> • 4개의 선분으로 둘러싸인 도형입니다.
> • 네 각이 모두 직각입니다.

(   )

2 직사각형을 모두 찾아 기호를 쓰세요.

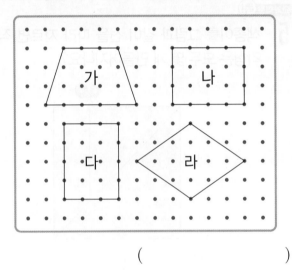

(   )

3 모양과 크기가 서로 다른 직사각형을 2개 그려 보세요.

4 긴 변이 짧은 변보다 1칸만큼 더 긴 직사각형을 그려 보세요.

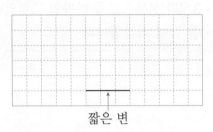

짧은 변

교과역량 콕!
5 다음 도형이 직사각형이 <u>아닌</u> 이유를 쓰세요.

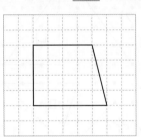

[이유]

_____

_____

6 농구장을 위에서 내려다본 모습입니다. 농구장에서 찾을 수 있는 크고 작은 직사각형은 모두 몇 개인지 구하세요.

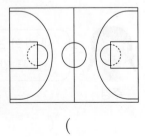

(   )

1 ☐ 안에 알맞은 말을 써넣으세요.

> 네 각이 모두 ☐ 이고 네 ☐ 의 길이가
> 모두 같은 사각형을 정사각형이라고 합니다.

2 정사각형을 모두 찾아 기호를 쓰세요.

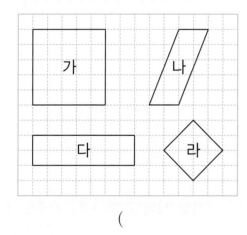

( )

3 다음 도형은 정사각형입니다. ☐ 안에 알맞은 수를 써넣으세요.

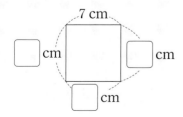

4 정사각형에 대해 잘못 말한 친구의 이름을 쓰세요.

> 민수: 변과 각이 각각 4개씩이야.
> 채은: 변의 길이가 모두 같아.
> 은별: 직각은 2개야.

( )

교과역량 콕!
5 직사각형과 정사각형의 같은 점과 다른 점을 한 가지씩 쓰세요.

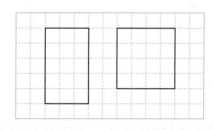

같은 점

다른 점

교과역량 콕!
6 한 변의 길이가 2 cm인 정사각형 3개를 그림과 같이 겹치지 않게 이어 붙여 직사각형을 만들었습니다. 빨간색 선의 길이는 몇 cm인가요?

2 cm

( )

[1~4] 빈칸에 ○를 알맞게 그려 넣고, ☐ 안에 알맞은 수를 써넣으세요.

1 초콜릿 8개를 4명이 똑같이 나누어 먹기

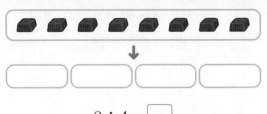

$8 \div 4 = \boxed{}$

2 색종이 9장을 3명이 똑같이 나누어 갖기

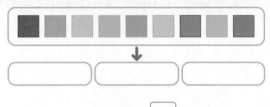

$9 \div 3 = \boxed{}$

3 딸기 14개를 접시 2개에 똑같이 나누어 담기

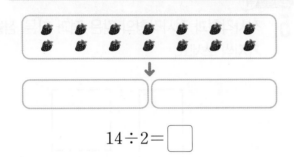

$14 \div 2 = \boxed{}$

4 연필 20자루를 5명에게 똑같이 나누어 주기

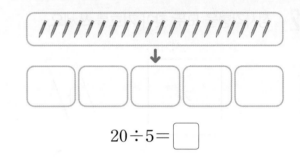

$20 \div 5 = \boxed{}$

[5~8] 똑같이 나누어 묶고, ☐ 안에 알맞은 수를 써넣으세요.

5 학생 15명을 한 모둠에 3명씩 나누기

$15 \div 3 = \boxed{}$

6 사탕 24개를 한 봉지에 6개씩 담기

$24 \div 6 = \boxed{}$

7 인형 12개를 한 상자에 6개씩 담기

$12 \div 6 = \boxed{}$

8 구슬 21개를 한 명에게 7개씩 나누어 주기

$21 \div 7 = \boxed{}$

개념책 064쪽 ● 정답 42쪽

[1~4] 그림을 보고 곱셈식과 나눗셈식으로 나타내세요.

1

$5 \times \boxed{} = 35$

$35 \div 5 = \boxed{}$

$35 \div \boxed{} = 5$

2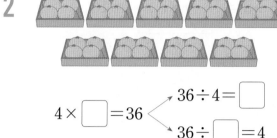

$4 \times \boxed{} = 36$

$36 \div 4 = \boxed{}$

$36 \div \boxed{} = 4$

3

$\boxed{} \times 6 = 18$

$18 \div \boxed{} = 6$

$18 \div 6 = \boxed{}$

4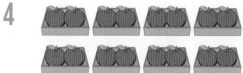

$\boxed{} \times 8 = 16$

$16 \div \boxed{} = 8$

$16 \div 8 = \boxed{}$

[5~10] 곱셈식을 나눗셈식으로 나타내세요.

5

$2 \times 6 = 12$

$12 \div 2 = \boxed{}$

$12 \div 6 = \boxed{}$

6

$9 \times 3 = 27$

$27 \div 9 = \boxed{}$

$27 \div \boxed{} = 9$

7

$4 \times 8 = 32$

$32 \div \boxed{} = 8$

$32 \div \boxed{} = \boxed{}$

8

$6 \times 4 = 24$

$\boxed{} \div 6 = 4$

$24 \div \boxed{} = \boxed{}$

9

$7 \times 6 = 42$

$\boxed{} \div 7 = \boxed{}$

$\boxed{} \div 6 = \boxed{}$

10

$8 \times 7 = 56$

$56 \div \boxed{} = \boxed{}$

$\boxed{} \div \boxed{} = 8$

[1~6] ☐ 안에 알맞은 수를 써넣으세요.

1 $16 \div 8 = \boxed{} \rightarrow 8 \times \boxed{} = 16$

2 $45 \div 5 = \boxed{} \rightarrow 5 \times \boxed{} = 45$

3 $49 \div 7 = \boxed{} \rightarrow 7 \times \boxed{} = 49$

4 $30 \div 6 = \boxed{} \rightarrow 6 \times \boxed{} = 30$

5 $12 \div 4 = \boxed{} \rightarrow 4 \times \boxed{} = 12$

6 $32 \div 8 = \boxed{} \rightarrow 8 \times \boxed{} = 32$

[7~15] 곱셈구구를 이용하여 나눗셈의 몫을 구하세요.

7 $14 \div 2 = \boxed{}$

8 $15 \div 3 = \boxed{}$

9 $21 \div 7 = \boxed{}$

10 $30 \div 5 = \boxed{}$

11 $54 \div 6 = \boxed{}$

12 $28 \div 4 = \boxed{}$

13 $24 \div 3 = \boxed{}$

14 $48 \div 6 = \boxed{}$

15 $72 \div 8 = \boxed{}$

1 나눗셈식을 보고 알맞은 수를 쓰세요.

$$56 \div 8 = 7$$

나누어지는 수 (　　　　　)
나누는 수 (　　　　　)
몫 (　　　　　)

2 딸기 16개를 접시 4개에 똑같이 나누어 담으려고 합니다. 접시 한 개에 딸기를 몇 개씩 담을 수 있는지 ○를 그려 보고, ☐ 안에 알맞은 수를 써 넣으세요.

접시 한 개에 딸기를 ☐ 개씩 담을 수 있습니다.

3 꽃 24송이를 꽃병 3개에 똑같이 나누어 담았습니다. 나눗셈식으로 나타내고, 읽어 보세요.

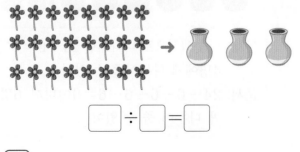

☐ ÷ ☐ = ☐

읽기

4 주어진 문장을 나눗셈식으로 바르게 나타낸 것에 색칠해 보세요.

구슬 15개를 주머니 3개에 똑같이 나누어 담으면 한 주머니에 5개씩 담을 수 있습니다.

$$15 \div 3 = 5$$ $$15 \div 5 = 3$$

5 초콜릿 30개를 상자 6개에 똑같이 나누어 담으려고 합니다. 상자 한 개에 초콜릿을 몇 개씩 담을 수 있나요?

식 _____

답 _____

교과역량 콕!

6 연필 12자루를 가와 나 연필꽂이에 각각 똑같이 나누어 꽂으려고 합니다. 각 연필꽂이에 몇 자루씩 꽂을 수 있는지 구하세요.

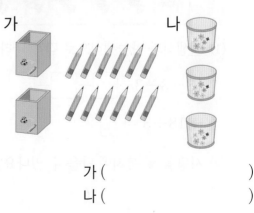

가 (　　　　　)
나 (　　　　　)

개념책 068쪽 ● 정답 43쪽

1 도넛 10개를 한 명에게 2개씩 주려고 합니다. 2개씩 묶어 보고, 몇 명에게 나누어 줄 수 있는지 구하세요.

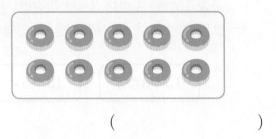

(　　　　　)

2 뺄셈식을 나눗셈식으로 나타내세요.

$$40-5-5-5-5-5-5-5-5=0$$

→ $40 \div \boxed{} = \boxed{}$

3 사탕 18개를 한 봉지에 3개씩 담으려고 합니다. 3개씩 묶어 보고, 물음에 답하세요.

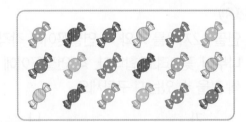

(1) 뺄셈식과 나눗셈식으로 각각 나타내세요.

$18-3-3-\boxed{}-\boxed{}-\boxed{}-\boxed{}=0$

→ $18 \div 3 = \boxed{}$

(2) 사탕을 몇 봉지에 담을 수 있나요?

(　　　　　)

4 전체가 54쪽인 동화책을 하루에 6쪽씩 매일 읽으려고 합니다. 이 동화책을 모두 읽으려면 며칠이 걸리나요?

식 _____

답 _____

교과역량 콕!

5 주어진 그림을 이용하여 $16 \div 2$에 알맞은 문제를 만들고, 답을 구하세요.

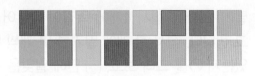

문제 _____

_____

답 _____

교과역량 콕!

6 귤 24개를 한 명에게 6개씩 나누어 주면 몇 명에게 나누어 줄 수 있는지 구하려고 합니다. 바르게 말한 친구의 이름을 쓰세요.

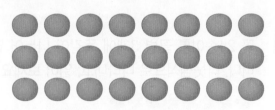

은채: 나눗셈식으로 나타내면 $24 \div 6 = 4$이고 4명에게 나누어줄 수 있어.
준서: $24-6-6-6-6=0$이니까 6명에게 나누어 줄 수 있어.

(　　　　　)

1 그림을 보고 물음에 답하세요.

(1) 만두의 수를 곱셈식으로 나타내세요.

$$8 \times \boxed{} = \boxed{}$$

(2) 만두 24개를 접시 8개에 똑같이 나누어 담으면 한 접시에 몇 개씩 담을 수 있을까요?

$$24 \div \boxed{} = \boxed{}\text{(개)}$$

(3) 만두 24개를 접시 3개에 똑같이 나누어 담으면 한 접시에 몇 개씩 담을 수 있을까요?

$$24 \div \boxed{} = \boxed{}\text{(개)}$$

2 그림을 보고 곱셈식을 나눗셈식으로 나타내세요.

$$7 \times \boxed{} = 14 \begin{cases} 14 \div 7 = \boxed{} \\ 14 \div \boxed{} = 7 \end{cases}$$

3 곱셈식은 나눗셈식으로, 나눗셈식은 곱셈식으로 나타내세요.

(1) $6 \times 8 = 48 \begin{cases} 48 \div \boxed{} = 8 \\ \boxed{} \div 8 = \boxed{} \end{cases}$

(2) $45 \div 9 = 5 \begin{cases} 9 \times \boxed{} = 45 \\ \boxed{} \times 9 = \boxed{} \end{cases}$

4 그림을 보고 곱셈식과 나눗셈식으로 나타내세요.

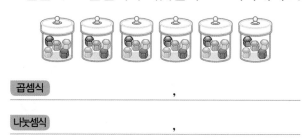

곱셈식 _____ ,

나눗셈식 _____ ,

교과역량 콕!

5 문장에 알맞은 곱셈식을 만들고, 만든 곱셈식을 나눗셈식으로 나타내세요.

달걀이 4개씩 5판 있습니다.

곱셈식 _____

나눗셈식 _____ ,

교과역량 콕!

6 6개의 수 카드 중에서 3개를 골라 한 번씩만 사용하여 곱셈식 2개와 나눗셈식 2개를 만들어 보세요.

$$\boxed{}\ \boxed{}\ \boxed{}$$

곱셈식 _____ ,

나눗셈식 _____ ,

개념책 070쪽 • 정답 44쪽

1 그림을 보고 나눗셈의 몫을 곱셈식으로 구하세요.

나눗셈식	$27 \div 3 = \boxed{}$
곱셈식	$3 \times \boxed{} = 27$

몫 (   )

2 관계있는 것끼리 이어 보세요.

나눗셈식	곱셈식	몫
(1) $12 \div 4 = \boxed{}$ •	• $8 \times 7 = 56$ •	• 5
(2) $56 \div 8 = \boxed{}$ •	• $4 \times 3 = 12$ •	• 3
(3) $45 \div 9 = \boxed{}$ •	• $9 \times 5 = 45$ •	• 7

3 나눗셈의 몫을 구하세요.

(1) $12 \div 2$ (2) $35 \div 7$

(3) $64 \div 8$ (4) $72 \div 9$

4 몫이 가장 큰 나눗셈을 찾아 ○표 하세요.

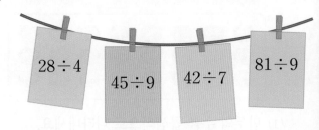

$28 \div 4$ $45 \div 9$ $42 \div 7$ $81 \div 9$

교과역량 콕!
5 오렌지 20개를 바구니 한 개에 4개씩 담으려고 합니다. 바구니는 몇 개 필요할까요?

식 _____

답 _____

교과역량 콕!
6 〈 보기 〉의 수 중에서 하나의 수를 ☐ 안에 넣어 나눗셈식을 만들려고 합니다. 몫이 가장 큰 나눗셈식을 만들고, 몫을 구하세요.

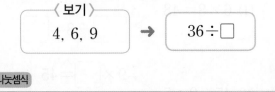

〈 보기 〉
4, 6, 9 → $36 \div \boxed{}$

나눗셈식 _____

몫 _____

[1~9] 계산해 보세요.

1
$$\begin{array}{r} 1\,0 \\ \times\quad 3 \\ \hline \end{array}$$

2
$$\begin{array}{r} 4\,0 \\ \times\quad 2 \\ \hline \end{array}$$

3
$$\begin{array}{r} 9\,0 \\ \times\quad 1 \\ \hline \end{array}$$

4
$$\begin{array}{r} 4\,2 \\ \times\quad 2 \\ \hline \end{array}$$

5
$$\begin{array}{r} 3\,3 \\ \times\quad 2 \\ \hline \end{array}$$

6
$$\begin{array}{r} 1\,3 \\ \times\quad 2 \\ \hline \end{array}$$

7
$$\begin{array}{r} 2\,1 \\ \times\quad 4 \\ \hline \end{array}$$

8
$$\begin{array}{r} 3\,1 \\ \times\quad 3 \\ \hline \end{array}$$

9
$$\begin{array}{r} 2\,3 \\ \times\quad 2 \\ \hline \end{array}$$

[10~18] 계산해 보세요.

10 10×2

11 20×4

12 30×3

13 24×2

14 12×3

15 22×2

16 13×3

17 21×3

18 43×2

[1~9] 계산해 보세요.

1
$$\begin{array}{r} 4\ 2 \\ \times\quad 4 \\ \hline \end{array}$$

2
$$\begin{array}{r} 5\ 2 \\ \times\quad 3 \\ \hline \end{array}$$

3
$$\begin{array}{r} 7\ 4 \\ \times\quad 2 \\ \hline \end{array}$$

4
$$\begin{array}{r} 3\ 1 \\ \times\quad 7 \\ \hline \end{array}$$

5
$$\begin{array}{r} 6\ 2 \\ \times\quad 4 \\ \hline \end{array}$$

6
$$\begin{array}{r} 8\ 3 \\ \times\quad 2 \\ \hline \end{array}$$

7
$$\begin{array}{r} 9\ 1 \\ \times\quad 5 \\ \hline \end{array}$$

8
$$\begin{array}{r} 6\ 1 \\ \times\quad 7 \\ \hline \end{array}$$

9
$$\begin{array}{r} 4\ 3 \\ \times\quad 3 \\ \hline \end{array}$$

[10~18] 계산해 보세요.

10 54×2

11 71×9

12 51×3

13 51×6

14 62×2

15 92×4

16 81×7

17 73×3

18 82×3

[1~9] 계산해 보세요.

1
$$\begin{array}{r} 1\ 3 \\ \times\quad 5 \\ \hline \end{array}$$

2
$$\begin{array}{r} 2\ 4 \\ \times\quad 3 \\ \hline \end{array}$$

3
$$\begin{array}{r} 4\ 6 \\ \times\quad 2 \\ \hline \end{array}$$

4
$$\begin{array}{r} 1\ 7 \\ \times\quad 3 \\ \hline \end{array}$$

5
$$\begin{array}{r} 1\ 5 \\ \times\quad 4 \\ \hline \end{array}$$

6
$$\begin{array}{r} 2\ 8 \\ \times\quad 3 \\ \hline \end{array}$$

7
$$\begin{array}{r} 1\ 9 \\ \times\quad 4 \\ \hline \end{array}$$

8
$$\begin{array}{r} 2\ 3 \\ \times\quad 4 \\ \hline \end{array}$$

9
$$\begin{array}{r} 1\ 8 \\ \times\quad 4 \\ \hline \end{array}$$

[10~18] 계산해 보세요.

10 16×6

11 12×8

12 29×2

13 47×2

14 19×3

15 27×3

16 18×5

17 14×6

18 26×3

[1~9] 계산해 보세요.

1
$$\begin{array}{r} 2\ 6 \\ \times\quad 4 \\ \hline \end{array}$$

2
$$\begin{array}{r} 5\ 9 \\ \times\quad 3 \\ \hline \end{array}$$

3
$$\begin{array}{r} 7\ 2 \\ \times\quad 5 \\ \hline \end{array}$$

4
$$\begin{array}{r} 6\ 8 \\ \times\quad 9 \\ \hline \end{array}$$

5
$$\begin{array}{r} 4\ 2 \\ \times\quad 7 \\ \hline \end{array}$$

6
$$\begin{array}{r} 3\ 5 \\ \times\quad 6 \\ \hline \end{array}$$

7
$$\begin{array}{r} 8\ 4 \\ \times\quad 8 \\ \hline \end{array}$$

8
$$\begin{array}{r} 2\ 9 \\ \times\quad 5 \\ \hline \end{array}$$

9
$$\begin{array}{r} 5\ 3 \\ \times\quad 6 \\ \hline \end{array}$$

[10~18] 계산해 보세요.

10 36×5

11 43×4

12 67×3

13 82×6

14 79×8

15 28×4

16 55×7

17 94×3

18 46×9

1. 올림이 없는 (두 자리 수)×(한 자리 수)를 어떻게 계산할까요

개념책 084쪽 ● 정답 45쪽

1 수 모형을 보고 13×3을 계산해 보세요.

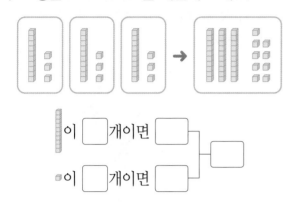

이 ☐ 개이면 ☐
이 ☐ 개이면 ☐

2 계산해 보세요.

(1) 40×2　　　(2) 30×3

(3)　　$\begin{array}{r} 2\ 3 \\ \times\quad 3 \\ \hline \end{array}$　　(4)　　$\begin{array}{r} 1\ 1 \\ \times\quad 4 \\ \hline \end{array}$

3 계산 결과를 비교하여 ○ 안에 >, =, <를 알맞게 써넣으세요.

(1) 20×4 ○ 22×3

(2) 12×3 ○ 31×2

4 색종이가 한 상자에 12장씩 4상자 있습니다. 색종이는 모두 몇 장인가요?

식 _____

답 _____

교과역량 콕!

5 규민이와 주경이는 구슬을 몇 개씩 가지고 있는지 구하세요.

 나는 구슬을 12개씩 2묶음을 가지고 있어.
규민

 나는 구슬을 규민이의 2배만큼 가지고 있어.
주경

규민 (　　　　　)
주경 (　　　　　)

교과역량 콕!

6 ㉠과 ㉡은 1보다 큰 한 자리 수입니다. 곱셈식을 보고 ㉠, ㉡에 알맞은 수를 각각 구하세요.

$\begin{array}{r} ㉠\ 2 \\ \times\quad 4 \\ \hline ㉡\ 8 \end{array}$

㉠ (　　　　　)
㉡ (　　　　　)

1 수 모형을 보고 63×2를 계산해 보세요.

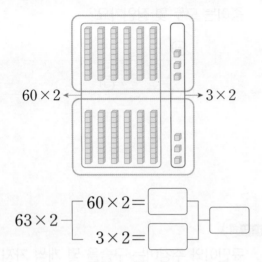

$60 \times 2 \longleftarrow \qquad \longrightarrow 3 \times 2$

63×2 ⎰ $60 \times 2 = \boxed{}$
⎱ $3 \times 2 = \boxed{}$ → $\boxed{}$

2 계산해 보세요.

(1)
```
    5 2
  ×   2
```

(2)
```
    3 1
  ×   7
```

(3) 21×9

(4) 52×4

3 빈칸에 두 수의 곱을 써넣으세요.

(1)
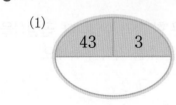

43 | 3

(2)
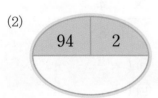

94 | 2

4 젤리를 유나는 51개씩 4봉지, 윤지는 63개씩 3봉지 샀습니다. 누가 젤리를 몇 개 더 많이 샀는지 구하세요.

(,)

교과역량 콕!

5 1부터 9까지의 수 중에서 ☐ 안에 들어갈 수 있는 가장 작은 수를 구하세요.

$$\boxed{\bigcirc 1 \times 8 > 490}$$

( )

교과역량 콕!

6 다음에서 설명하는 두 자리 수를 구하세요.

- 십의 자리 수와 일의 자리 수의 합이 5입니다.
- 십의 자리 수가 일의 자리 수보다 더 큽니다.
- 이 수의 3배는 100보다 크고 150보다 작습니다.

( )

1 수 카드를 보고 16×2를 계산해 보세요.

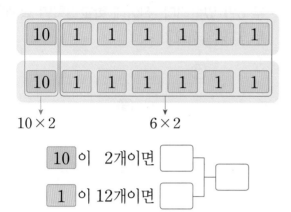

10×2   6×2

10 이 2개이면 ☐
1 이 12개이면 ☐

2 계산해 보세요.

(1)   1 2
    ×   8

(2)   3 7
    ×   2

(3) 27×3

(4) 45×2

3 빈칸에 알맞은 수를 써넣으세요.

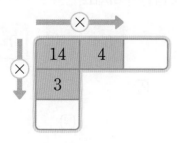

4 관계있는 것끼리 이어 보세요.

(1) 35×2 •   • 54

(2) 49×2 •   • 70

(3) 18×3 •   • 98

5 색연필이 한 묶음에 18자루씩 들어 있습니다. 색연필 5묶음에는 색연필이 모두 몇 자루있나요?

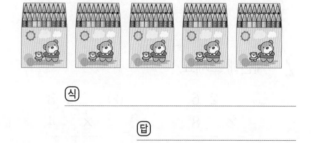

㈎ _____

㈐ _____

교과역량 콕!

6 어떤 수에 4를 곱해야 할 것을 잘못하여 더했더니 21이 되었습니다. 바르게 계산한 값은 얼마인지 쓰세요.

(   )

1 수 카드를 보고 34×5를 계산해 보세요.

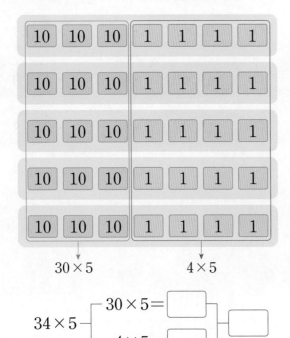

$$30 \times 5 \qquad\qquad 4 \times 5$$

$$34 \times 5 \begin{cases} 30 \times 5 = \boxed{} \\ 4 \times 5 = \boxed{} \end{cases} \boxed{}$$

2 계산해 보세요.

(1)   2 6
   ×   8

(2)   4 3
   ×   4

(3) 54×6

(4) 35×7

3 계산 결과가 큰 것부터 차례로 기호를 쓰세요.

⊙ 43×6   ⓒ 36×7   ⓒ 29×9

(   )

4 진아네 학교 3학년 학생들은 한 반에 28명씩 모두 6반 있습니다. 진아네 학교 3학년 학생은 모두 몇 명일까요?

식

답

교과역량 콕!
5 잘못 계산한 곳을 찾아 바르게 계산해 보세요.

    5 7
   ×   6
   ─────
   3 0 2
→
    5 7
   ×   6

교과역량 콕!
6 3장의 수 카드를 한 번씩만 사용하여 곱이 가장 큰 (두 자리 수)×(한 자리 수)의 곱셈식을 만들고, 그 곱을 구하세요.

식

답

1 11×3이 약 얼마인지 어림셈으로 구하려고 합니다. 11을 어림하여 그림에 ○표 하고, ☐ 안에 알맞은 수를 써넣으세요.

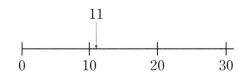

11을 어림하면 11은 약 ☐이므로
11×3을 어림셈으로 구하면 약 ☐입니다.

2 꽃밭에 꽃을 한 줄에 19송이씩 8줄 심었습니다. 심은 꽃은 약 몇 송이인지 어림셈으로 구하세요.

- 꽃 19송이: 약 ☐송이
- 심은 꽃의 수

  → 약 ☐ × ☐ = ☐(송이)

3 어림셈으로 구한 값을 찾아 이어 보세요.

(1) 21×8 • • 280

(2) 61×4 • • 160

(3) 39×7 • • 240

4 친구들이 51×9의 값을 어림하려고 합니다. 잘못 말한 친구의 이름을 써 보세요.

 도율
51은 60보다 작고
$60 \times 9 = 540$이니까
51×9는 540보다 작을 것 같아.

 준호
51은 50보다 크고
$50 \times 9 = 450$이니까
51×9는 450보다 클 것 같아.

 리아
51은 50보다 크고
$50 \times 9 = 450$이니까
51×9는 450보다 작을 것 같아.

( )

교과역량 콕!
5 도서관 책장 한 개에 책을 79권 꽂을 수 있습니다. 똑같은 책장 8개에는 책을 몇 권 꽂을 수 있는지 어림셈으로 구하고, 설명해 보세요.

답 _____

설명 _____

_____

[1~6] ☐ 안에 알맞은 수를 써넣으세요.

1 $2\text{ cm }3\text{ mm}=\boxed{}\text{ mm}+3\text{ mm}$

$=\boxed{}\text{ mm}$

2 $5\text{ cm }4\text{ mm}=\boxed{}\text{ mm}+4\text{ mm}$

$=\boxed{}\text{ mm}$

3 $7\text{ cm }6\text{ mm}=\boxed{}\text{ mm}+6\text{ mm}$

$=\boxed{}\text{ mm}$

4 $13\text{ mm}=\boxed{}\text{ mm}+3\text{ mm}$

$=\boxed{}\text{ cm}\boxed{}\text{ mm}$

5 $47\text{ mm}=\boxed{}\text{ mm}+7\text{ mm}$

$=\boxed{}\text{ cm}\boxed{}\text{ mm}$

6 $58\text{ mm}=\boxed{}\text{ mm}+8\text{ mm}$

$=\boxed{}\text{ cm}\boxed{}\text{ mm}$

[7~12] ☐ 안에 알맞은 수를 써넣으세요.

7 $6\text{ cm }9\text{ mm}=\boxed{}\text{ mm}$

8 $8\text{ cm }7\text{ mm}=\boxed{}\text{ mm}$

9 $11\text{ cm }1\text{ mm}=\boxed{}\text{ mm}$

10 $35\text{ mm}=\boxed{}\text{ cm}\boxed{}\text{ mm}$

11 $72\text{ mm}=\boxed{}\text{ cm}\boxed{}\text{ mm}$

12 $96\text{ mm}=\boxed{}\text{ cm}\boxed{}\text{ mm}$

[1~6] ☐ 안에 알맞은 수를 써넣으세요.

1　$3 \text{ km } 400 \text{ m} = \boxed{} \text{ m} + 400 \text{ m}$

$= \boxed{} \text{ m}$

2　$5 \text{ km } 850 \text{ m} = \boxed{} \text{ m} + 850 \text{ m}$

$= \boxed{} \text{ m}$

3　$7 \text{ km } 10 \text{ m} = \boxed{} \text{ m} + 10 \text{ m}$

$= \boxed{} \text{ m}$

4　$2900 \text{ m} = \boxed{} \text{ m} + 900 \text{ m}$

$= \boxed{} \text{ km } \boxed{} \text{ m}$

5　$8520 \text{ m} = \boxed{} \text{ m} + 520 \text{ m}$

$= \boxed{} \text{ km } \boxed{} \text{ m}$

6　$5045 \text{ m} = \boxed{} \text{ m} + 45 \text{ m}$

$= \boxed{} \text{ km } \boxed{} \text{ m}$

[7~12] ☐ 안에 알맞은 수를 써넣으세요.

7　$6 \text{ km } 230 \text{ m} = \boxed{} \text{ m}$

8　$9 \text{ km } 25 \text{ m} = \boxed{} \text{ m}$

9　$8 \text{ km } 5 \text{ m} = \boxed{} \text{ m}$

10　$4816 \text{ m} = \boxed{} \text{ km } \boxed{} \text{ m}$

11　$7304 \text{ m} = \boxed{} \text{ km } \boxed{} \text{ m}$

12　$9001 \text{ m} = \boxed{} \text{ km } \boxed{} \text{ m}$

[1~6] 시각을 읽어 보세요.

1

□시 □분 □초

2

□시 □분 □초

3

□시 □분 □초

4

□시 □분 □초

5

□시 □분 □초

6

□시 □분 □초

[7~15] □ 안에 알맞은 수를 써넣으세요.

7 1분 10초=□초

8 2분 40초=□초

9 3분 25초=□초

10 1분 55초=□초

11 80초=□분 □초

12 210초=□분 □초

13 265초=□분 □초

14 390초=□분 □초

15 425초=□분 □초

[1-6] ☐ 안에 알맞은 수를 써넣으세요.

1
```
    3 분 20 초
+   1 분 30 초
─────────────
  ☐ 분 ☐ 초
```

2
```
   14 분 15 초
+   5 분 40 초
─────────────
  ☐ 분 ☐ 초
```

3
```
   30 분  5 초
+  25 분 35 초
─────────────
  ☐ 분 ☐ 초
```

4
```
    7 시    25 분
+   2 시간  10 분
────────────────
  ☐ 시 ☐ 분
```

5
```
    3 시간 30 분
+   5 시간 10 분
────────────────
  ☐ 시간 ☐ 분
```

6
```
    6 시    20 분
+   4 시간  25 분
────────────────
  ☐ 시 ☐ 분
```

[7-12] 계산해 보세요.

7
```
  3시 25분 15초
+     10분 10초
```

8
```
  6시 15분 25초
+     35분 25초
```

9
```
  2시간  5분 20초
+ 1시간 30분  5초
```

10
```
  3시    30분 15초
+ 2시간 20분 15초
```

11
```
  1시    35분 10초
+ 4시간 10분 35초
```

12
```
  5시간 10분 25초
+ 2시간 15분 30초
```

[1-6] ☐ 안에 알맞은 수를 써넣으세요.

1
```
    5 분 55 초
 −  1 분 45 초
─────────────
   ☐ 분 ☐ 초
```

2
```
    8 분 15 초
 −  5 분 10 초
─────────────
   ☐ 분 ☐ 초
```

3
```
   40 분 50 초
 − 15 분 35 초
─────────────
   ☐ 분 ☐ 초
```

4
```
    8 시  40 분
 −  2 시간 20 분
─────────────
   ☐ 시 ☐ 분
```

5
```
    4 시  30 분
 −  3 시  10 분
─────────────
   ☐ 시간 ☐ 분
```

6
```
    7 시간 45 분
 −  2 시간 35 분
─────────────
   ☐ 시간 ☐ 분
```

[7~12] 계산해 보세요.

7
```
   8시 35분 50초
 −    20분 10초
```

8
```
   9시간 40분 30초
 −      15분 25초
```

9
```
   3시  30분 50초
 − 1시  20분 10초
```

10
```
   5시  45분 30초
 − 1시간 35분 15초
```

11
```
   8시간 55분 45초
 − 4시간 10분 25초
```

12
```
   6시  40분 55초
 − 2시  25분 25초
```

개념책 108쪽 ● 정답 47쪽

1 주어진 길이를 쓰고, 읽어 보세요.

(1) 6 mm

쓰기 ------------------------------------

읽기 (   )

(2) 3 cm 5 mm

쓰기 ------------------------------------

읽기 (   )

2 같은 길이끼리 이어 보세요.

(1) 10 cm 2 mm   •   • 38 cm

                         • 12 mm

(2) 380 mm   •   • 102 mm

3 연필의 길이는 얼마인지 ☐ 안에 알맞은 수를 써넣으세요.

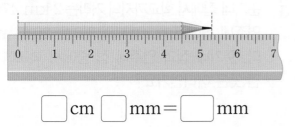

☐ cm ☐ mm = ☐ mm

4 주어진 길이에 맞게 자로 선을 그어 보세요.

(1) 8 mm

|-----------------------------------

(2) 4 cm 2 mm

|-----------------------------------

교과역량 콕!

5 길이가 긴 것부터 차례로 기호를 쓰세요.

> ㉠ 4 cm
> ㉡ 3 cm 4 mm
> ㉢ 43 mm

(   )

교과역량 콕!

6 잘못 말한 친구의 이름을 쓰고, 바르게 고쳐 보세요.

> 지원: 38 cm는 380 mm로 나타낼 수 있어.
> 수영: 130 cm는 13 mm로 나타낼 수 있어.
> 강민: 24 mm는 2 cm보다 4 mm 더 긴 길이야.

이름

바르게 고치기

----

1 ☐ 안에 알맞은 수나 말을 써넣으세요.

> 4 km보다 700 m 더 긴 것을
> ☐ km ☐ m라 쓰고
> ☐ 라고 읽습니다.

2 주어진 길이를 쓰고 읽어 보세요.

(1) 　　　　2 km

쓰기 _____

읽기 (　　　　　　　　　　)

(2) 　　　5 km 300 m

쓰기 _____

읽기 (　　　　　　　　　　)

3 수영장에서 마트를 지나 집까지 가는 거리는 얼마인지 ☐ 안에 알맞은 수를 써넣으세요.

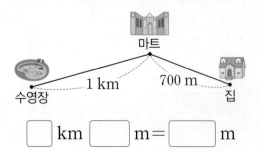

마트

1 km　　700 m

수영장　　　　　집

☐ km ☐ m= ☐ m

4 수직선을 보고 ☐ 안에 알맞은 수를 써넣으세요.

6 km 100 m　　☐ km ☐ m

6 km　　　　　　　　　　7 km

☐ m

5 ☐ 안에 알맞은 수를 써넣으세요.

(1) 3 km= ☐ m

(2) 6 km= ☐ m

(3) 3940 m= ☐ km ☐ m

(4) 8430 m= ☐ km ☐ m

교과역량 **콕!**

6 준기네 집에서 학교까지의 거리는 2 km 470 m, 연주네 집에서 학교까지의 거리는 2047 m입니다. 준기네 집과 연주네 집 중에서 학교에서 더 먼 곳은 어디인가요?

(　　　　　　　　　　)

개념책 109쪽 ● 정답 48쪽

1 땅콩의 길이를 어림하고 자로 재어 보세요.

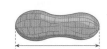

어림한 길이 (   )

잰 길이 (   )

2 주어진 길이를 어림하여 선을 그어 보세요.

(1)   3 cm 7 mm

|--------------------------------

(2)   42 mm

|--------------------------------

3 ☐ 안에 cm와 mm 중 알맞은 길이 단위를 써 넣으세요.

(1) 필통의 길이는 약 250 ☐ 입니다.

(2) 내 발의 길이는 약 22 ☐ 입니다.

(3) 동화책의 두께는 약 8 ☐ 입니다.

4 길이가 1 km보다 더 긴 것을 찾아 기호를 쓰세요.

> ㉠ 교실 문의 높이
> ㉡ 한라산의 높이
> ㉢ 축구장의 긴 쪽의 길이

(   )

[5~6] 그림을 보고 물음에 답하세요.

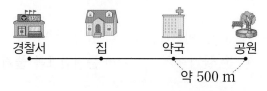

경찰서   집   약국   공원

약 500 m

5 집에서 약 1 km 떨어진 장소를 찾아 써 보세요.

(   )

교과역량 콕!

6 〈보기〉와 같이 길이 단위를 넣어 문장을 만들어 보세요.

> 〈 보기 〉
> 약국에서 공원까지의
> 거리는 약 500 m입니다.

문장 만들기

_____

_____

1 시계를 보고 ☐ 안에 알맞은 수를 써넣으세요.

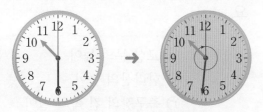

초바늘이 시계를 한 바퀴 도는 데
걸리는 시간은 ☐ 초입니다.

2 1초 동안 할 수 있는 일을 모두 찾아 기호를 쓰세요.

┌─────────────────────────────┐
│ ㉠ 눈 한 번 감기   ㉡ 점심 밥 먹기 │
│ ㉢ 손 들기   ㉣ 문제집 1쪽 풀기 │
└─────────────────────────────┘

(   )

3 시각을 읽어 보세요.

(1)

☐ 시 ☐ 분 ☐ 초

(2)

08 : 53 : 28

☐ 시 ☐ 분 ☐ 초

4 관계있는 것끼리 이어 보세요.

(1) 1분 10초 •   • 210초

(2) 470초 •   • 7분 50초

(3) 3분 30초 •   • 70초

5 〈보기〉에서 알맞은 시간 단위를 골라 ☐ 안에 써넣으세요.

┌──────── 〈보기〉 ────────┐
│   시간   분   초   │
└──────────────────────────┘

(1) 양치질을 하는 시간: 3 ☐

(2) 월요일에 학교에 있는 시간: 5 ☐

(3) 횡단보도를 건너는 시간: 20 ☐

교과역량 (쿡!)

6 재민이와 준수는 1000 m 달리기를 했습니다. 재민이는 310초 걸렸고, 준수는 5분 50초 걸렸습니다. 1000 m를 더 빨리 달린 사람은 누구인지 쓰세요.

(   )

1 ☐ 안에 알맞은 수를 써넣으세요.

$$
\begin{array}{r}
3\ \text{시}\ 25\ \text{분}\ \ 5\ \text{초} \\
+\ \ \ \ \ \ \ \ \ 10\ \text{분}\ 15\ \text{초} \\
\hline
\boxed{\ }\ \text{시}\ \boxed{\ }\ \text{분}\ \boxed{\ }\ \text{초}
\end{array}
$$

2 텔레비전 프로그램이 5시 5분 10초에 시작하여 35분 20초 후에 끝났습니다. 텔레비전 프로그램이 끝난 시각은 몇 시 몇 분 몇 초인가요?

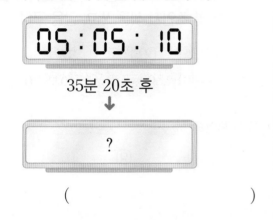

35분 20초 후

↓

?

(   )

3 계산해 보세요.

(1)
$$
\begin{array}{r}
7\ \text{시}\ 45\ \text{분}\ 20\ \text{초} \\
+\ \ \ \ \ \ \ \ \ 10\ \text{분}\ 50\ \text{초} \\
\hline
\end{array}
$$

(2) 8시간 15분 5초＋2시간 30분 7초

4 동민이는 3시 5분 10초에 그림을 그리기 시작하여 30분 15초 후 그림을 완성했습니다. 동민이가 그림을 완성한 시각을 구하세요.

(   )

5 서영이가 오늘 오전과 오후에 운동을 한 시간입니다. 서영이가 오늘 운동을 한 시간은 모두 몇 분 몇 초인지 구하세요.

오전	22분 35초
오후	25분 30초

(   )

교과역량 쿡!

6 서림이가 다음과 같이 시간의 계산을 했습니다. 서림이가 잘못 계산한 부분을 찾아 바르게 계산해 보세요.

$$
\begin{array}{r}
1\ \text{시}\ 15\ \text{분} \\
+\ 10\ \text{분}\ 35\ \text{초} \\
\hline
11\ \text{분}\ 50\ \text{초}
\end{array}
$$

↓

〈 바르게 계산하기 〉

개념책 118쪽 ● 정답 49쪽

1 ☐ 안에 알맞은 수를 써넣으세요.

$$
\begin{array}{r}
11 \text{ 시 } 55 \text{ 분 } 50 \text{ 초} \\
- \phantom{11 \text{ 시 }} 35 \text{ 분 } 20 \text{ 초} \\
\hline
\boxed{} \text{시} \boxed{} \text{분} \boxed{} \text{초}
\end{array}
$$

2 다은이가 공연을 45분 35초 동안 관람했습니다. 공연이 끝난 시각이 8시 50분 55초였을 때, 공연을 시작한 시각은 몇 시 몇 분 몇 초인지 구하세요.

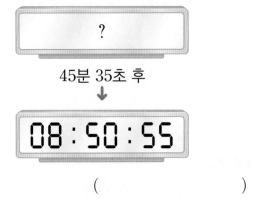

45분 35초 후
↓

08:50:55

( )

3 계산해 보세요.

(1)
$$
\begin{array}{r}
5 \text{ 시 } 20 \text{ 분 } 45 \text{ 초} \\
- \phantom{5 \text{ 시 } 20 \text{ 분 }} 5 \text{ 분 } 55 \text{ 초} \\
\hline
\end{array}
$$

(2) 11시간 5분 15초 — 9시간 3분 10초

4 동휘가 스케이트 타기를 끝낸 시각은 6시 54분 40초였습니다. 스케이트를 20분 10초 동안 탔을 때, 스케이트를 타기 시작한 시각은 몇 시 몇 분 몇 초인지 구하세요.

( )

교과역량 콕!

5 현석이가 어제와 오늘 책을 읽은 시간입니다. 현석이가 어제와 오늘 책을 읽은 시간의 차는 몇 분 몇 초인지 식을 쓰고, 답을 구하세요.

어제	32분 50초
오늘	40분 20초

식

답

6 세 선수의 1500 m 스피드스케이팅 대회 기록입니다. 가장 빠른 선수와 가장 느린 선수의 기록의 차를 구하세요.

현철	예원	경수
2분 5초	1분 15초	1분 45초

( )

개념책 128쪽 ● 정답 50쪽

[1~6] 똑같이 나누어진 도형에 ○표, 똑같이 나누어지지 않은 도형에 ×표 하세요.

1
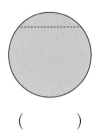
( )

2
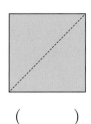
( )

3
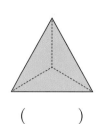
( )

4
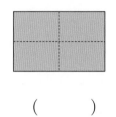
( )

5
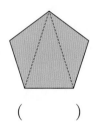
( )

6
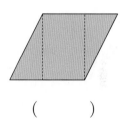
( )

[7~10] 그림을 보고 ☐ 안에 알맞은 수를 써넣으세요.

7
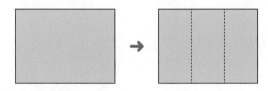
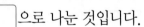
똑같이 ☐으로 나눈 것입니다.

8

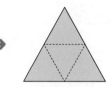
똑같이 ☐로 나눈 것입니다.

9
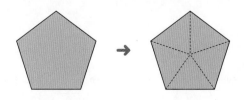
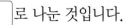
똑같이 ☐로 나눈 것입니다.

10
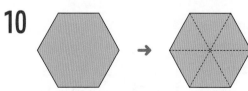
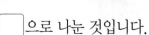
똑같이 ☐으로 나눈 것입니다.

[1~3] ☐ 안에 알맞은 수를 써넣으세요.

1 부분 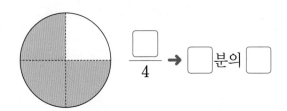 은 전체 를 똑같이 ☐로 나눈 것 중의 ☐입니다.

2 부분 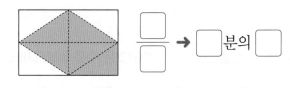 은 전체 를 똑같이 ☐으로 나눈 것 중의 ☐입니다.

3 부분 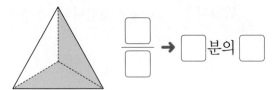 은 전체 를 똑같이 ☐로 나눈 것 중의 ☐입니다.

[4~9] 색칠한 부분은 전체의 얼마인지 분수로 쓰고, 읽어 보세요.

4 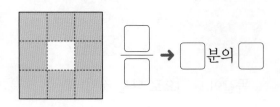 $\dfrac{☐}{4}$ → ☐분의☐

5 $\dfrac{☐}{☐}$ → ☐분의☐

6 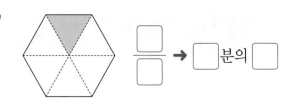 $\dfrac{☐}{☐}$ → ☐분의☐

7 $\dfrac{☐}{☐}$ → ☐분의☐

8 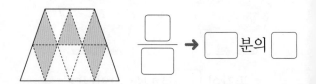 $\dfrac{☐}{☐}$ → ☐분의☐

9 $\dfrac{☐}{☐}$ → ☐분의☐

[1~6] 색칠한 부분과 색칠하지 않은 부분을 각각 분수로 나타내세요.

1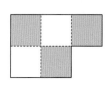
→ 색칠한 부분 → 색칠하지 않은 부분

2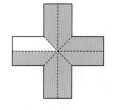

3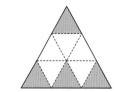

4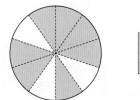

5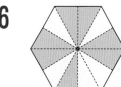

6

[7~10] 부분을 보고 전체를 그려 보세요.

7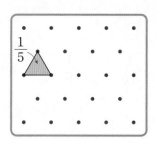

8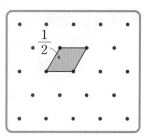

9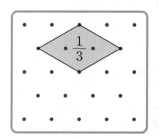

10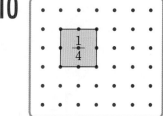

[1~6] 주어진 분수만큼 각각 색칠하고, ◯ 안에 >, =, <를 알맞게 써넣으세요.

1 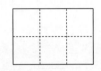 $\frac{1}{6}$ ◯ $\frac{1}{4}$

2 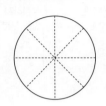 $\frac{1}{8}$ ◯ $\frac{1}{12}$

3 $\frac{1}{3}$ ◯ $\frac{1}{6}$

4 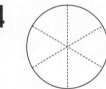 $\frac{2}{6}$ ◯ $\frac{3}{6}$

5 $\frac{4}{9}$ ◯ $\frac{2}{9}$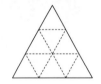

6 $\frac{3}{8}$ ◯ $\frac{4}{8}$

[7~15] 두 분수의 크기를 비교하여 ◯ 안에 >, =, <를 알맞게 써넣으세요.

7 $\frac{1}{2}$ ◯ $\frac{1}{5}$

8 $\frac{1}{7}$ ◯ $\frac{1}{10}$

9 $\frac{1}{16}$ ◯ $\frac{1}{8}$

10 $\frac{1}{9}$ ◯ $\frac{1}{12}$

11 $\frac{2}{5}$ ◯ $\frac{4}{5}$

12 $\frac{5}{7}$ ◯ $\frac{2}{7}$

13 $\frac{3}{12}$ ◯ $\frac{6}{12}$

14 $\frac{7}{10}$ ◯ $\frac{8}{10}$

15 $\frac{9}{15}$ ◯ $\frac{4}{15}$

개념책 140쪽 • 정답 51쪽

[1~4] 색칠한 부분을 소수로 쓰고, 읽어 보세요.

1
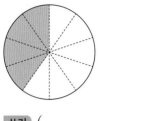

쓰기 (   )

읽기 (   )

2
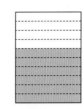

쓰기 (   )

읽기 (   )

3
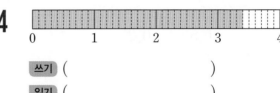

쓰기 (   )

읽기 (   )

4

쓰기 (   )

읽기 (   )

[5~10] ☐ 안에 알맞은 수를 써넣으세요.

5 0.3은 0.1이 ☐ 개입니다.

6 0.9는 0.1이 ☐ 개입니다.

7 0.1이 6개이면 ☐ 입니다.

8 0.1이 4개이면 ☐ 입니다.

9 0.1이 35개이면 ☐ 입니다.

10 0.1이 78개이면 ☐ 입니다.

6단원 기 초 력

[1~6] 주어진 소수만큼 각각 색칠하고, ◯ 안에 >, =, <를 알맞게 써넣으세요.

1
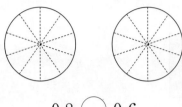

0.8 ◯ 0.6

2
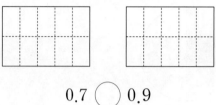

0.7 ◯ 0.9

3
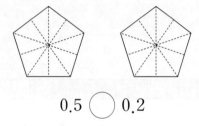

0.5 ◯ 0.2

4
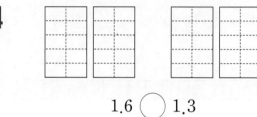

1.6 ◯ 1.3

5
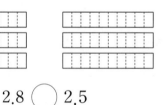

2.8 ◯ 2.5

6
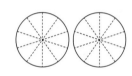

1.5 ◯ 1.8

[7~15] 두 소수의 크기를 비교하여 ◯ 안에 >, =, <를 알맞게 써넣으세요.

7 0.2 ◯ 0.1

8 0.5 ◯ 0.8

9 0.9 ◯ 0.3

10 0.4 ◯ 0.6

11 3.6 ◯ 3.7

12 4.7 ◯ 4.4

13 5.9 ◯ 6.1

14 4.5 ◯ 3.7

15 7.8 ◯ 8.3

개념책 132쪽 ● 정답 51쪽

1 그림을 보고 알맞은 말을 써넣으세요.

(1)
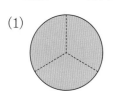 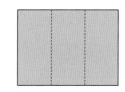

→ 똑같이 ☐ 으로 나누었습니다.

(2)
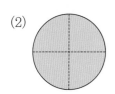

→ 똑같이 ☐ 으로 나누었습니다.

2 똑같이 넷으로 나누어진 도형을 모두 찾아 기호를 쓰세요.

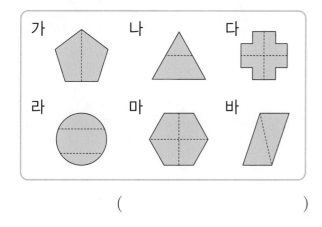

(   )

3 표시된 점을 이용하여 도형을 똑같이 넷으로 나누어 보세요.

4 직사각형 모양의 화단을 두 가지 방법으로 똑같이 여섯으로 나누어 보세요.

5 잘못 말한 친구의 이름을 써 보세요.

연서 — 똑같이 넷으로 나누어진 국기야.

준호 — 똑같이 셋으로 나누어진 국기야.

미나 — 똑같이 다섯으로 나누어진 국기야.

(   )

교과역량 콕!

6 도화지 한 장을 똑같이 셋으로 나눈 것인지 아닌지 쓰고, 그 이유를 쓰세요.

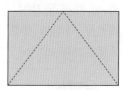

답 _____

이유 _____

_____

1 ☐ 안에 알맞은 수를 써넣으세요.

부분 [ ] 은 전체 [ ] 를 똑같이 ☐ 로

나눈 것 중의 ☐ 이므로 ☐/☐ 입니다.

2 색칠한 부분은 전체의 얼마인지 분수로 쓰고, 읽어 보세요.

쓰기 ☐/☐

읽기 ( )

3 도율이가 먹은 피자는 전체의 얼마인지 분수로 나타내세요.

피자 한 개를 똑같이 6조각으로 나누고 그중에서 2조각을 먹었어.

도율

( )

4 색칠한 부분을 나타내는 것끼리 이어 보세요.

(1)

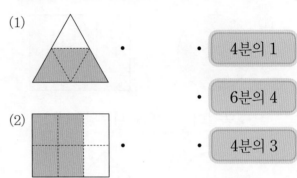

· · 4분의 1

· 6분의 4

(2)

· · 4분의 3

교과역량 **콕!**

5 색칠한 부분이 전체를 똑같이 5로 나눈 것 중의 3인 것을 찾아 기호를 쓰세요.

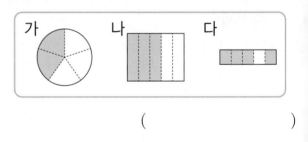

가 나 다

( )

교과역량 **콕!**

6 글을 읽고 잘못 설명한 부분을 찾아 바르게 고쳐 보세요.

똑같이 4로 나눈 것 중의 3을 분수로 나타내면 분모는 3이고, 분자는 4로 나타냅니다.

바르게 고치기

1 남은 부분을 분수로 나타내세요.

(1)  (2)

(   )   (   )

2 색칠한 부분과 색칠하지 않은 부분을 각각 분수로 나타내세요.

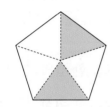

색칠한 부분 (   )

색칠하지 않은 부분 (   )

3 도화지 전체의 $\dfrac{7}{12}$ 은 빨간색, $\dfrac{5}{12}$ 는 파란색으로 색칠해 보세요.

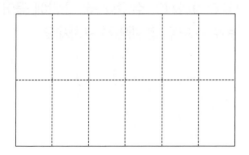

4 색칠한 부분이 나타내는 분수가 다른 것의 기호를 쓰세요.

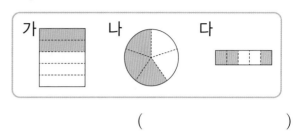

(   )

교과역량 콕!

5 부분을 보고 전체를 그려 보세요.

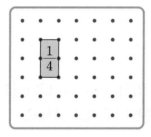

교과역량 콕!

6 케이크 한 판에 다양한 맛이 있습니다. 내가 먹고 싶은 케이크 맛을 쓰고, 내가 먹고 싶은 케이크는 전체의 얼마인지 분수로 나타내세요.

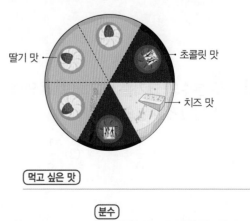

먹고 싶은 맛

분수

1 ☐ 안에 알맞은 말을 써넣으세요.

> 분수 중에서 $\frac{1}{2}$, $\frac{1}{3}$, $\frac{1}{4}$과 같이
> 분자가 1인 분수를 ☐라고 합니다.

2 단위분수를 모두 찾아 ○표 하세요.

> $\frac{2}{3}$ $\frac{3}{4}$ $\frac{1}{6}$ $\frac{2}{7}$ $\frac{1}{8}$

3 분수를 각각 수직선에 나타내고, 크기를 비교하여 큰 수부터 차례로 쓰세요.

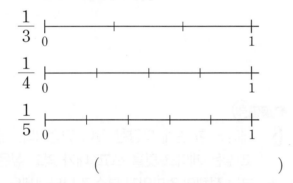

( )

4 두 분수의 크기를 비교하여 ○ 안에 >, =, < 를 알맞게 써넣으세요.

(1) $\frac{1}{3}$ ○ $\frac{1}{5}$ (2) $\frac{1}{8}$ ○ $\frac{1}{6}$

(3) $\frac{1}{10}$ ○ $\frac{1}{7}$ (4) $\frac{1}{20}$ ○ $\frac{1}{15}$

5 호진이와 진수는 양이 똑같은 초콜릿을 먹었습니다. 호진이는 초콜릿 전체의 $\frac{1}{3}$을 먹었고, 진수는 전체의 $\frac{1}{4}$을 먹었습니다. 초콜릿을 더 많이 먹은 친구의 이름을 쓰세요.

( )

교과역량 콕!

6 유리, 형준, 세아는 모양과 크기가 같은 컵에 각각 주스를 따라 마셨습니다. 주스를 가장 많이 마신 사람의 이름을 쓰세요.

> 유리: 한 컵의 $\frac{1}{4}$만큼 마셨어.
>
> 형준: 한 컵의 $\frac{1}{2}$만큼 마셨어.
>
> 세아: 한 컵의 $\frac{1}{5}$만큼 마셨어.

( )

교과역량 콕!

7 1부터 9까지의 수 중에서 ☐ 안에 들어갈 수 있는 수는 모두 몇 개인지 구하세요.

> $\frac{1}{☐} < \frac{1}{7}$

( )

1 □ 안에 알맞은 수를 써넣고, 알맞은 말에 ○표 하세요.

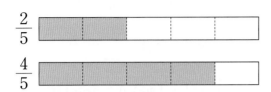

$\dfrac{2}{5}$ 는 $\dfrac{1}{5}$ 이 □ 개, $\dfrac{4}{5}$ 는 $\dfrac{1}{5}$ 이 □ 개

→ $\dfrac{2}{5}$ 는 $\dfrac{4}{5}$ 보다 더 (큽니다 , 작습니다).

2 주어진 분수만큼 각각 색칠하고, ○ 안에 >, =, <를 알맞게 써넣으세요.

(1) 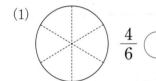 $\dfrac{4}{6}$ ○ $\dfrac{3}{6}$

(2) $\dfrac{4}{9}$ ○ $\dfrac{7}{9}$

3 두 분수의 크기를 비교하여 ○ 안에 >, =, <를 알맞게 써넣으세요.

(1) $\dfrac{5}{6}$ ○ $\dfrac{2}{6}$ (2) $\dfrac{3}{7}$ ○ $\dfrac{4}{7}$

(3) $\dfrac{6}{8}$ ○ $\dfrac{2}{8}$ (4) $\dfrac{5}{10}$ ○ $\dfrac{8}{10}$

4 가장 큰 분수에 ○표, 가장 작은 분수에 △표 하세요.

$$\dfrac{3}{12} \qquad \dfrac{11}{12} \qquad \dfrac{7}{12} \qquad \dfrac{2}{12}$$

교과역량 **콕!**

5 하은이와 재경이가 다음과 같이 와플을 똑같이 8조각으로 각각 나누어 먹었습니다. 하은이와 재경이가 먹은 와플의 양을 분수로 나타내고, 더 많이 먹은 친구의 이름을 쓰세요.

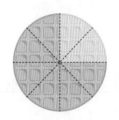 

하은 □   재경 □

더 많이 먹은 친구: □

교과역량 **콕!**

6 조건을 만족하는 분수를 써 보세요.

- 분모가 9입니다.
- 분자는 짝수입니다.
- $\dfrac{7}{9}$ 보다 큽니다.

(   )

개념책 144쪽 ● 정답 54쪽

1 그림을 보고 ☐ 안에 알맞은 수나 말을 써넣으세요.

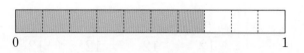

(1) 색칠한 부분을 분수로 나타내면 ☐/☐ 입니다.

(2) 색칠한 부분을 소수로 나타내면 ☐ 이고

☐ 이라고 읽습니다.

2 ☐ 안에 알맞은 분수나 소수를 써넣으세요.

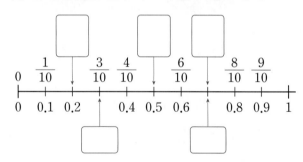

3 색칠한 부분을 분수와 소수로 각각 나타내세요.

분수	소수

4 ☐ 안에 알맞은 수를 써넣으세요.

(1) 0.5는 0.1이 ☐ 개입니다.

(2) 0.1이 3개이면 ☐ 입니다.

(3) $\frac{1}{10}$이 ☐ 개이면 0.8입니다.

교과역량 **콕!**

5 빗자루와 쓰레받기의 길이를 각각 소수로 나타내세요.

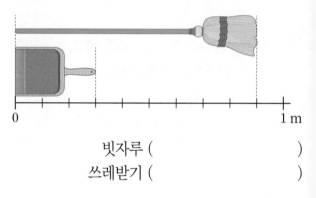

빗자루 (   )
쓰레받기 (   )

교과역량 **콕!**

6 서아의 일기를 보고 서아가 먹은 호두파이 조각의 수를 소수로 나타내세요.

> 2○○○년 ○월 ○일 ○요일   날씨 : 맑음
>
> 가족들과 함께 호두파이를 먹었다.
> 똑같이 나누어진 호두파이가 10조각 있었는데
> 너무 맛있어서 혼자 3조각이나 먹어버렸다.
> 다음에 또 먹고 싶은 맛이었다.

(   )

1 사슴벌레의 길이는 몇 cm인지 ☐ 안에 알맞은 소수를 써넣으세요.

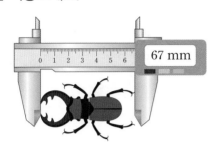

(1) 1 mm = ☐ cm이므로

67 mm = ☐ cm입니다.

(2) 사슴벌레의 길이는 ☐ cm입니다.

2 색칠한 부분을 소수로 쓰고, 읽어 보세요.

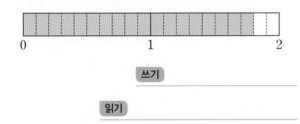

쓰기 _____

읽기 _____

3 편의점과 병원은 집에서 몇 km 떨어져 있는지 각각 소수로 나타내세요.

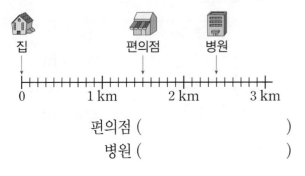

편의점 ( )
병원 ( )

4 ☐ 안에 알맞은 소수를 써넣으세요.

(1) 3 cm 4 mm = ☐ cm

(2) 25 mm = ☐ cm

(3) 4.9는 0.1이 ☐ 개입니다.

(4) 0.1이 73개이면 ☐ 입니다.

5 그림을 보고 주스가 모두 몇 컵인지 소수로 나타내세요.

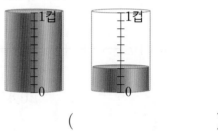

( )

교과역량 콕!

6 옛날에는 '리'라는 단위로 거리를 나타냈습니다. 1리가 약 400 m일 때, 8리는 약 몇 km인지 설명해 보세요.

설명
_____
_____
_____

답 _____

1 그림을 보고 알맞은 말에 ○표 하세요.

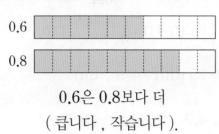

0.6은 0.8보다 더
(큽니다 , 작습니다).

4 소수의 크기를 바르게 비교한 것을 모두 찾아 기호를 쓰세요.

㉠ 0.4<0.8	㉡ 1.2>1.9
㉢ 2.8<2.4	㉣ 5.8>5.3

(   )

2 주어진 소수를 각각 수직선에 나타내고, ○ 안에 >, =, <를 알맞게 써넣으세요.

0.7 ├──┼──┼──┼──┼──┼──┼──┼──┼──┤
    0   1

0.4 ├──┼──┼──┼──┼──┼──┼──┼──┼──┤
    0   1

0.7 ◯ 0.4

5 〈조건〉에 알맞은 소수를 모두 찾아 ○표 하세요.

〈 조건 〉

● $\frac{5}{10}$보다 큰 수입니다.

● 0.8보다 작은 수입니다.

(0.4 , 0.5 , 0.6 , 0.7 , 0.8)

3 ☐ 안에 알맞은 수를 써넣고, ○ 안에 >, =, <를 알맞게 써넣으세요.

(1) 2.8은 0.1이 ☐ 개
                            → 2.8 ◯ 2.5
2.5는 0.1이 ☐ 개

(2) 4.6은 0.1이 ☐ 개
                            → 4.6 ◯ 4.9
4.9는 0.1이 ☐ 개

교과역량 콕!

6 소은, 지수, 민우는 발 길이를 비교하고 있습니다. 발 길이가 가장 긴 친구부터 차례로 이름을 써 보세요.

친구	발 길이
소은	20.1 cm
지수	21 cm 8 cm
민우	225 mm

(   )

독해의 핵심은 비문학

지문 분석으로 독해를 깊이 있게!
비문학 독해 | 1~6단계

올바른 문학 독서법

문학 갈래별 작품 이해를 풍성하게!
문학 독해 | 1~6단계

결국은 어휘력

비문학 독해로 어휘 이해부터 어휘 확장까지!
어휘 X 독해 | 1~6단계

초등 문해력의 빠른시작 **빠작**

큐브 개념

기본 강화책 │ 초등 수학 **3·1**

엄마표 학습 큐브

큡챌린지란?

큐브로 6주간 매주 자녀와
학습한 내용을 기록하고,
같은 목표를 가진 엄마들과 소통하며
함께 성장할 수 있는
엄마표 학습단입니다.

큡챌린지 이런 점이 좋아요

동기부여
계획적인 학습
학습고민 나눔
학습 혜택

엄마표 학습, 큐브로 시작!
큡챌린지

수학은 큡

학습 태도 변화

습관 형성　성취감　자신감

학습단 참여 후 우리 아이는
"꾸준히 학습하는 습관이 잡혔어요."
"성취감이 높아졌어요."
"수학에 자신감이 생겼어요."

학습 지속률

10명 중 8.3명

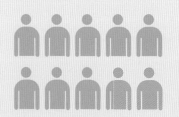

학습 스케줄

매일 **4**쪽씩 학습!

주 5회 매일 4쪽	39%
주 5회 매일 2쪽	15%
1주에 한 단원 끝내기	17%
기타(개별 진도 등)	29%

6주 학습 완주자 → 완주 **83%**

만족 **98%** ← 학습단 참여 만족도

학습 참여자 2명 중 1명은

6주 간 **1**권 끝!

큐브 개념

초등 수학

3·1

모바일 쉽고 편리한 빠른 정답

정답 및 풀이

아출판

정답 및 풀이

모바일 빠른 정답
QR코드를 찍으면 **정답 및 풀이**를 쉽고 빠르게
확인할 수 있습니다.

정답 및 풀이

모바일 빠른 정답
QR코드를 찍으면 **정답 및 풀이**를
쉽고 빠르게 확인할 수 있습니다.

1 덧셈과 뺄셈

008쪽 1STEP 교과서 개념 잡기

1 9 / 5, 9 / 5, 5, 9 / 559
2 5, 500 / 7, 70 / 8, 8 / 578
3 (1) 7, 8, 7 (2) 9, 3, 8
4 (1) 594 (2) 797 (3) 598
5 (1) 769 (2) 479

2 500+70+8=578이므로 331+247=578입니다.

5

(1)
```
   5 6 2
 + 2 0 7
 -------
   7 6 9
```

(2)
```
   3 3 6
 + 1 4 3
 -------
   4 7 9
```

010쪽 1STEP 교과서 개념 잡기

1 1, 3 / 1, 6, 3 / 1, 5, 6, 3
2 5, 500 / 7, 70 / 15, 15 / 585
3 (1) 1 / 8, 7, 6 (2) 1 / 7, 5, 9
4 (1) 594 (2) 436 (3) 736
5 (1) 470 (2) 726

1 일의 자리 계산: 7+6=13
십의 자리 계산: 1+2+3=6
백의 자리 계산: 3+2=5

[주의] 받아올림한 수는 십의 자리 위에 쓰는 것이므로 10이 아닌 1로 씁니다.

4

(1)
```
     1
   2 7 5
 + 3 1 9
 -------
   5 9 4
```

(2)
```
     1
   1 0 8
 + 3 2 8
 -------
   4 3 6
```

(3)
```
     1
   5 6 2
 + 1 7 4
 -------
   7 3 6
```

5

(1)
```
     1
   3 1 6
 + 1 5 4
 -------
   4 7 0
```

(2)
```
     1
   4 3 5
 + 2 9 1
 -------
   7 2 6
```

012쪽 1STEP 교과서 개념 잡기

1 1, 2 / 1, 1, 2, 2 / 1, 1, 4, 2, 2
2 1000 / 140 / 11 / 1151
3 (1) 1, 1 / 8, 7, 4 (2) 1, 1 / 1, 2, 4, 3
4 (1) 943 (2) 743 (3) 1312
5 (1) 452 (2) 1460

4

(1)
```
   1 1
   5 6 5
 + 3 7 8
 -------
   9 4 3
```

(2)
```
   1 1
   2 5 7
 + 4 8 6
 -------
   7 4 3
```

(3)
```
     1 1
     4 9 3
 +   8 1 9
 ---------
   1 3 1 2
```

5

(1)
```
   1 1
   2 8 7
 + 1 6 5
 -------
   4 5 2
```

(2)
```
     1 1
     7 6 8
 +   6 9 2
 ---------
   1 4 6 0
```

014쪽 1STEP 교과서 개념 잡기

1
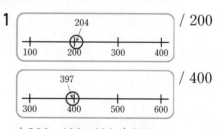
/ 200
/ 400
/ 200, 400, 600 / 600
2 500 / 300 / 500, 300, 800 / 800
3 (1) 200+600에 색칠 (2) 700+200에 색칠
4 (1) 400, 600, 1000
(2) '적은'에 ○표, '적은'에 ○표, '적습니다'에 ○표

1 204는 200에 가장 가깝고, 397은 400에 가장 가까우므로 어림셈을 이용하면 200+400=600입니다.
따라서 주말의 박물관 입장객은 약 600명입니다.

2 어림할 때는 가장 가까운 몇백으로 어림합니다.

3 (1) 198은 200과 가장 가깝고, 612는 600과 가장 가까우므로 200+600에 색칠합니다.

(2) 704는 700과 가장 가깝고, 197은 200과 가장 가까우므로 700+200에 색칠합니다.

4 (2) 오전과 오후 방문자 수가 각각 어림한 수보다 적으므로 전체 방문자 수도 어림한 수보다 적습니다.

016쪽 2STEP 수학익힘 문제 잡기

01 648

02 (1) 579 (2) 795

03 657 / 965

04 >

05 134+152=286 / 286번

06 496쪽

07 5, 9

08 436, 302 (또는 302, 436)

09 541

10 (위에서부터) 492, 975, 786, 681

11 ③

12 도율

13 347+428=775 / 775명

14 ㉡, ㉢, ㉠

15 577

16 402

17 (1), (2), (3)

18 932 / 536, 932

19 398+276=674 / 674장

20 1012

21 830

22 1123

23 '약 1100 m'에 ○표

24 예 800+500=1300 / 약 1300명

25 사탕, 음료수

---

03 122+535=657, 430+535=965

04 256+312=568, 435+124=559
→ 568>559

05 (어제와 오늘 한 줄넘기 수)
＝(어제 한 줄넘기 수)+(오늘 한 줄넘기 수)
＝134+152=286(번)

06 (새롬이가 읽은 책의 쪽수)
＝(위인전 쪽수)+(과학책 쪽수)
＝275+221=496(쪽)

07 • 일의 자리: 4+5=9이므로 9입니다.
• 백의 자리: 2+□=7이므로 □=5입니다.

08 일의 자리 수끼리의 합이 8인 두 수를 찾으면 436과 302입니다.
→ 436+302=738 또는 302+436=738

09 낱개인 수수깡 11개 중 10개를 10개짜리 묶음 1개로 바꾸어 받아올림합니다.
→ 217+324=541

10

$$\begin{array}{r} \overset{1}{3}19 \\ +173 \\ \hline 492 \end{array}\quad \begin{array}{r} \overset{1}{4}67 \\ +508 \\ \hline 975 \end{array}\quad \begin{array}{r} \overset{1}{3}19 \\ +467 \\ \hline 786 \end{array}\quad \begin{array}{r} \overset{1}{1}73 \\ +508 \\ \hline 681 \end{array}$$

11 일의 자리 계산 6+7=13에서 10을 십의 자리로 받아올림한 수이므로 십의 자리로 받아올림한 숫자 1은 실제로 10을 나타냅니다.

12

$$\begin{array}{r} 3\overset{1}{1}8 \\ +256 \\ \hline 574 \end{array}\quad \begin{array}{r} 4\overset{1}{0}7 \\ +214 \\ \hline 621 \end{array}\quad \begin{array}{r} 3\overset{1}{8}1 \\ +255 \\ \hline 636 \end{array}$$

따라서 계산 결과를 잘못 말한 사람은 도율입니다.

13 (동물원에 입장한 사람 수)
＝(동물원에 입장한 남자 수)
　+(동물원에 입장한 여자 수)
＝347+428=775(명)

14 ㉠ 318+252=570
㉡ 462+187=649
㉢ 247+339=586
649>586>570이므로 계산 결과가 큰 것부터 차례로 기호를 쓰면 ㉡, ㉢, ㉠입니다.

15 ㉠ 100이 3개, 10이 4개, 1이 8개인 수: 348
㉡ 100이 2개, 1이 29개인 수: 229
→ ㉠과 ㉡의 합: 348+229=577

16 일 모형 10개를 십 모형 1개로, 십 모형 10개를 백 모형 1개로 바꾸어 계산합니다.
→ 245+157=402

17 (1) $637+285=922$

(2) $124+789=913$

(3) $589+472=1061$

18 수직선의 전체 길이: $536+396=932$

19 (규민이와 리아가 모은 우표 수)
$=$(규민이가 모은 우표 수)$+$(리아가 모은 우표 수)
$=398+276=674$(장)

20 원 안에 있는 수는 469와 543입니다.
→ $469+543=1012$

21 짝수는 일의 자리 수가 0, 2, 4, 6, 8인 수이므로
334와 496입니다.
→ $334+496=830$

22 100이 6개이면 600 ㄱ
　　10이 4개이면　40 ├→ 645
　　 1이 5개이면　　5 ㄴ
→ $645+478=1123$

23 295는 300에 가장 가깝고 807은 800에 가장 가까
우므로 경아의 집에서 도서관까지의 거리는
약 $300+800=1100$ (m)입니다.

24 809는 800에 가장 가깝고 494는 500에 가장 가깝
습니다.
따라서 지난 주말 국립 공원에 입장한 사람은
약 $800+500=1300$(명)입니다.

25 간식의 가격을 약 몇백으로 어림하면 사탕: 약 400원,
과자: 약 700원, 음료수: 약 500원입니다.
따라서 가격의 합이 1000원이 넘지 않는 간식 2가
지는 사탕, 음료수입니다.

020쪽 1STEP 교과서 개념 잡기

1 4 / 1, 4 / 2, 1, 4 / 214
2 2, 200 / 4, 40 / 3, 3 / 243
3 (1) 4, 4, 1　(2) 5, 3, 3
4 (1) 325　(2) 612　(3) 412
5 (1) 223　(2) 451

---

2 $200+40+3=243$이므로 $378-135=243$입니다.

5 (1)
```
  3 7 8
- 1 5 5
-------
  2 2 3
```
(2)
```
  8 9 7
- 4 4 6
-------
  4 5 1
```

022쪽 1STEP 교과서 개념 잡기

1 6, 10, 8 / 6, 10, 1, 8 / 6, 10, 2, 1, 8
2 2, 200 / 2, 20 / 4, 4 / 224
3 (1) 7, 10 / 2, 6, 8　(2) 6, 10 / 1, 4, 2
4 (1) 125　(2) 273　(3) 342
5 (1) 558　(2) 431

4 (1)
```
    5 10
  2 6̸ 1
- 1 3 6
-------
  1 2 5
```
(2)
```
    4 10
  5̸ 2 9
- 2 5 6
-------
  2 7 3
```
(3)
```
    7 10
  8̸ 1 5
- 4 7 3
-------
  3 4 2
```

5 (1)
```
    7 10
  8 8̸ 5
- 3 2 7
-------
  5 5 8
```
(2)
```
    6 10
  7̸ 1 4
- 2 8 3
-------
  4 3 1
```

024쪽 1STEP 교과서 개념 잡기

1 3, 10, 8 / 2, 13, 10, 4, 8 / 2, 13, 10, 1, 4, 8
2 2, 200 / 2, 20 / 6, 6 / 226
3 (1) 7, 11, 10 / 6, 2, 9　(2) 4, 12, 10 / 2, 5, 8
4 (1) 189　(2) 379　(3) 275
5 (1) 179　(2) 358

4 (1)
```
  4 15 10
  5̸ 6̸ 8
- 3 7 9
-------
  1 8 9
```
(2)
```
  7 16 10
  8̸ 7̸ 4
- 4 9 5
-------
  3 7 9
```
(3)
```
  6 15 10
  7̸ 6̸ 3
- 4 8 8
-------
  2 7 5
```

5 (1)
```
  2 11 10
  3̸ 2̸ 6
- 1 4 7
-------
  1 7 9
```
(2)
```
  8 13 10
  9̸ 4̸ 6
- 5 8 8
-------
  3 5 8
```

026쪽 1STEP 교과서 개념 잡기

1

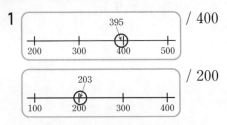

/ 400

/ 200

/ 400, 200, 200 / 200

2 800, 400 / 800, 400, 400, 400

3 (1) 900−100에 색칠 (2) 500−200에 색칠

4 (1) 500, 400, 100

(2) '많은'에 ○표, '적은'에 ○표, '많습니다'에 ○표

---

1 395는 400에 가장 가깝고, 203은 200에 가장 가까우므로 어림셈을 이용하면 400−200=200입니다. 따라서 미나는 연서보다 색종이가 약 200장 더 많습니다.

3 (1) 897은 900과 가장 가깝고, 102는 100과 가장 가까우므로 900−100에 색칠합니다.

(2) 502는 500과 가장 가깝고, 195는 200과 가장 가까우므로 500−200에 색칠합니다.

4 500보다 큰 수에서 400보다 작은 수를 빼면 계산 결과는 100보다 큽니다.

028쪽 2STEP 수학익힘 문제 잡기

01 325 **02** (1) 124 (2) 451

03 (1) ●————●

(2) ● ●

(3) ● ●

04 (왼쪽에서부터) 736, 232, 504

05 632, 545, 313에 색칠

06 128쪽 **07** 451

08
```
      7 10
    5 8 6
  − 2 1 7
    3 6 9
```
09 333, 324, 9

10 (위에서부터) 419, 683

11 582

12 (1) '큽니다'에 ○표 (2) 437

13 671−458=213 / 213 m

14 581 **15** 483

16 (왼쪽에서부터) 534, 256

17 179

18 닭 감자조림, 138킬로칼로리

19 ( )   **20** 263, 279, 연서

( )   **21** 9, 4

(○)   **22** '약 200 cm'에 ○표

23 준호

24 예 800−600=200 / 약 200명

02 (1)
```
    3 5 8
  − 2 3 4
    1 2 4
```
(2)
```
    5 8 7
  − 1 3 6
    4 5 1
```

03 (1) 978−365=613

(2) 787−246=541

(3) 549−138=411

04 • 877−141=736

• 594−362=232

• 736−232=504

05 896−351=545, 775−143=632, 585−272=313

➜ 545, 632, 313에 색칠합니다.

06 (오늘 읽은 동화책 쪽수)
=(어제 읽은 동화책 쪽수)−120
=248−120=128(쪽)

07 도율이가 생각한 수에 503을 더하면 954가 되므로 도율이가 생각한 수는 954−503=451입니다.

08 일의 자리 수끼리 뺄 수 없을 때에는 십의 자리에서 받아내림합니다.

09 (도쿄 타워의 높이)−(에펠 탑의 높이)
=333−324=9 (m)

10
```
      6 10
    8 7 5
  − 4 5 6
    4 1 9
```
```
      7 10
    8 7 5
  − 1 9 2
    6 8 3
```

11 • 현우: $800+30+6=836$
  • 연서: $200+50+4=254$
  ➡ $836-254=582$

12 ⑵ $694-258=436$이므로 ☐ 안에 들어갈 수 있는 세 자리 수 중에서 가장 작은 수는 436보다 1만 큼 더 큰 수인 437입니다.

13 (은행에서 우체국까지의 거리)
  $-$(은행에서 병원까지의 거리)
  $=671-458=213\,(m)$

14 293과 ◆를 더하면 874가 되므로 덧셈식으로 나타내면 $293+◆=874$입니다. 덧셈과 뺄셈의 관계를 이용하면 $◆=874-293=581$입니다.

15
```
    5 12 10
    6̶ 3̶ 2̶
  - 1  4  9
  ─────────
    4  8  3
```

16 $703-169=534$, $534-278=256$

17 100이 3개이면 300 ⎤
  10이 2개이면 20 ⎬→ 321
  1이 1개이면   1 ⎦
  ➡ $321-142=179$

18 $172<310$이므로 닭 감자조림의 열량이 더 높습니다.
  ➡ (두 음식의 열량의 차)
  　$=310-172=138$(킬로칼로리)

19 • $625-347=278$
  • $942-657=285$
  • $713-426=287$
  ➡ $287>285>278$

20 • 연서: $452-189=263$ ⎤
  • 민준: $816-537=279$ ⎦ $263<279$
  ➡ 더 작은 수를 말한 사람은 연서입니다.

21 • 일의 자리: $14-㉠=5$ ➡ $㉠=9$
  • 십의 자리: $11-7=4$ ➡ $㉡=4$

22 408은 400에 가장 가깝고 193은 200에 가장 가까우므로 사용하고 남은 색 테이프는
  약 $400-200=200\,(cm)$입니다.

23 • 주경: 600보다 작은 수에서 100보다 큰 수를 빼면 계산 결과는 $600-100=500$보다 작습니다.
  • 준호: 700보다 큰 수에서 500보다 작은 수를 빼면 계산 결과는 $700-500=200$보다 큽니다.(○)

24 799는 800에 가장 가깝고 589는 600에 가장 가깝습니다.
  따라서 어제 방문한 사람은 오늘 방문한 사람보다 약 $800-600=200$(명) 더 많습니다.

032쪽 3STEP 서술형 문제 잡기

※서술형 문제의 예시 답안입니다.

1 (1단계)
```
      1
    5 2 9
  + 3 4 3
  ───────
    8 7 2  ▶2점
```
(2단계) 십, 1, 7

2 (1단계)
```
      1
    2 7 5
  + 4 1 6
  ───────
    6 9 1
```
(2단계) 일의 자리 계산에서 십의 자리로 받아올림한 수가 있으므로 십의 자리 계산은 $1+7+1=9$가 되어야 합니다. ▶3점

3 (1단계) 442, 544　(2단계) 544, 916
  (답) 916명

4 (1단계) 254명이 내린 후 지하철에 남은 사람은 $877-254=623$(명)입니다. ▶3점
  (2단계) 따라서 지금 지하철에 타고 있는 사람은 $623+196=819$(명)입니다. ▶2점
  (답) 819명

5 (1단계) 438, 438, 583　(2단계) 583, 728
  (답) 728

6 (1단계) 어떤 수를 ■라 하면 $■-227=169$이므로 $■=169+227=396$입니다. ▶3점
  (2단계) 따라서 바르게 계산한 값은 $396+227=623$입니다. ▶2점
  (답) 623

7 (1단계) 753　(2단계) 753, 561
  (답) 561

8 (예) (1단계) 486　(2단계) 486, 210
  (답) 210

8 채점 가이드 다음 중 하나로 계산하면 정답입니다.
$864-276=588$, $846-276=570$, $684-276=408$,
$648-276=372$, $486-276=210$, $468-276=192$

034쪽 1단원 마무리

01 387	**02** 1, 1 / 1, 1, 3, 0
03 871	**04** 527
05 915	**06** 960
07 (1) (2) (3)	**08** 424 / 139, 424
09 약 400번	**10** 1105, 327
11 212, 891	**12** 471
13 <	
14 $876+547=1423$ / 1423개	
15 약 300 cm	**16** ㉠
17 586	**18** 1, 8

서술형
※서술형 문제의 예시 답안입니다.

19 ❶ 176명이 내린 후 KTX에 남은 사람 수 구하기 ▶ 3점
❷ 243명이 새로 탄 후 KTX에 타고 있는 사람 수 구하기 ▶ 2점

❶ 176명이 내린 후 KTX에 남은 사람은
$602-176=426$(명)입니다.
❷ 따라서 지금 KTX에 타고 있는 사람은
$426+243=669$(명)입니다.
답 669명

20 ❶ 어떤 수 구하기 ▶ 3점
❷ 바르게 계산한 값 구하기 ▶ 2점

❶ 어떤 수를 ■라 하면 $■-483=225$,
$■=225+483=708$입니다.
❷ 따라서 바르게 계산한 값은
$708+483=1191$입니다.
답 1191

07 (1) $674-156=518$
(2) $958-347=611$
(3) $823-276=547$

09 192, 204는 각각 약 200으로 어림할 수 있습니다. 따라서 약 $200+200=400$(번)으로 어림할 수 있습니다.

10 합:
$$\begin{array}{r} {\scriptstyle 1\ 1} \\ 3\ 8\ 9 \\ +\ 7\ 1\ 6 \\ \hline 1\ 1\ 0\ 5 \end{array}$$
차:
$$\begin{array}{r} {\scriptstyle 6\ 10\ 10} \\ \not{7}\ \not{1}\ 6 \\ -\ 3\ 8\ 9 \\ \hline 3\ 2\ 7 \end{array}$$

11 • $725-513=212$
• $212+679=891$

12 100이 3개이면 300 ⌉
10이 2개이면 20 ⌐→ 326
1이 6개이면 6 ⌋
➔ $326+145=471$

13 • $729-354=375$
• $942-521=421$
➔ $375<421$

14 (지난주에 판 초콜릿 수)+(이번 주에 판 초콜릿 수)
$=876+547=1423$(개)

15 (남은 색 테이프의 길이)
=(전체 색 테이프의 길이)−(사용한 색 테이프의 길이)
399는 약 400으로 어림할 수 있고, 101은 약 100으로 어림할 수 있습니다.
따라서 약 $400-100=300$ (cm)로 어림할 수 있습니다.

16 ㉠ $143+155=298$
㉡ $852-498=354$
㉢ $922-619=303$
➔ $298<303<354$이므로 계산 결과가 가장 작은 것은 ㉠입니다.

17 수의 크기를 비교하면 $9>4>2$이므로 만들 수 있는 가장 큰 세 자리 수는 942입니다.
➔ $942-356=586$

18
$$\begin{array}{r} 2\ 7\ 5 \\ +\ 5\ ㉠\ ㉡ \\ \hline 7\ 9\ 3 \end{array}$$
• 일의 자리: $5+㉡=13$ ➔ $㉡=8$
• 십의 자리: $1+7+㉠=9$ ➔ $㉠=1$

2 평면도형

040쪽 **1STEP 교과서 개념 잡기**

1 (1) 선분   (2) 직선   (3) 반직선
2 나, 다, 라, 바 / 가, 마
3 ㅁ, ㅂ
4 (1)   (2)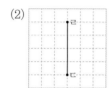

5 가 / 나, 다 / 라
6 (1) 선분 ㄷㄹ(또는 선분 ㄹㄷ)
   (2) 직선 ㅅㅇ(또는 직선 ㅇㅅ)

2 나, 다, 라, 바는 반듯하게 쭉 뻗은 선이고 가, 마는 휘어진 선입니다.

3 어떤 점에서 시작하느냐에 따라 반직선의 이름이 달라집니다.

4 (1) 점 ㄱ과 점 ㄴ을 지나는 직선을 긋습니다.
   (2) 점 ㄷ과 점 ㄹ을 잇는 선분을 긋습니다.

5 • 선분: 두 점을 곧게 이은 선 ➜ 가
   • 직선: 선분을 양쪽으로 끝없이 늘인 곧은 선 ➜ 나, 다
   • 반직선: 한 점에서 시작하여 한쪽으로 끝없이 늘인 곧은 선 ➜ 라

6 (1) 점 ㄷ과 점 ㄹ을 이은 선분
   ➜ 선분 ㄷㄹ 또는 선분 ㄹㄷ
   (2) 점 ㅅ과 점 ㅇ을 지나는 직선
   ➜ 직선 ㅅㅇ 또는 직선 ㅇㅅ

042쪽 **1STEP 교과서 개념 잡기**

1 각 ㄹㅁㅂ / ㅁ / 변 ㅁㅂ
2 직각
3 (○)( )( )(○)

---

4 (1) [그림]   (2) [그림]

5 (1) [그림]   (2) [그림]

6 (예) [그림]   [그림]

3 한 점에서 그은 두 반직선으로 이루어진 도형을 모두 찾습니다.

4 모눈종이의 모눈은 직각으로 이루어져 있으므로 도형에서 모눈의 가로선과 세로선이 만나는 부분이 있으면 직각입니다.

5 (1) 각 ㄱㄴㄷ은 점 ㄴ이 각의 꼭짓점이 되도록 그려야 합니다.
   ➜ 반직선 ㄴㄱ과 점 ㄴ에서 만나는 반직선 ㄴㄷ을 긋습니다.
   (2) 각 ㄹㅁㅂ은 점 ㅁ이 각의 꼭짓점이 되도록 그려야 합니다.
   ➜ 반직선 ㅁㄹ과 점 ㅁ에서 만나는 반직선 ㅁㅂ을 긋습니다.

6 직각 ㄱㄴㄷ은 점 ㄴ이 꼭짓점이 되어야 합니다.
   ➜ 반직선 ㄴㄱ과 점 ㄴ에서 만나는 반직선 ㄴㄷ을 그으면 됩니다.
   채점 가이드 주어진 답과 점 ㄷ의 위치가 달라도 그려진 각이 직각이고, 점 ㄴ에서 시작하여 점 ㄷ을 지나는 반직선을 바르게 그었으면 정답입니다.

044쪽 **2STEP 수학익힘 문제 잡기**

01 (1) 직선   (2) 반직선
02 (1) [그림]
   (2) [그림]
   (3) [그림]

03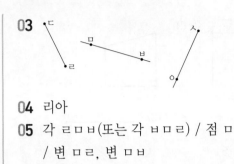

04 리아

05 각 ㄹㅁㅂ(또는 각 ㅂㅁㄹ) / 점 ㅁ
/ 변 ㅁㄹ, 변 ㅁㅂ

06 나, 다

07 (1) 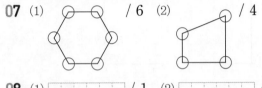 / 6   (2) / 4

08 (1) 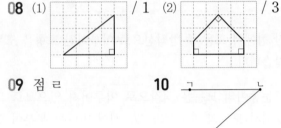 / 1   (2) / 3

09 점 ㄹ

10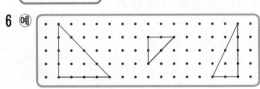

11 (○)(   )(   )

12 각 ㄱㅂㄷ(또는 각 ㄷㅂㄱ)

---

01 (1) 선분을 양쪽으로 끝없이 늘인 곧은 선 ➡ 직선
   (2) 한 점에서 시작하여 한쪽으로 끝없이 늘인 곧은 선
   ➡ 반직선

02 (1) 점 ㄱ과 점 ㄴ을 지나는 직선 ➡ 직선 ㄱㄴ
   (2) 점 ㄱ에서 시작하여 점 ㄴ을 지나는 반직선
   ➡ 반직선 ㄱㄴ
   (3) 점 ㄱ과 점 ㄴ을 이은 선분 ➡ 선분 ㄱㄴ

03 • 선분 ㄷㄹ: 점 ㄷ과 점 ㄹ을 곧게 선으로 잇습니다.
   • 직선 ㅁㅂ: 점 ㅁ과 점 ㅂ을 지나도록 곧은 선을 긋습니다.
   • 반직선 ㅅㅇ: 점 ㅅ에서 시작하여 점 ㅇ을 지나는 곧은 선을 긋습니다.

04 • 규민: 반직선 ㄷㄹ과 반직선 ㄹㄷ은 다른 도형입니다.
   • 연서: 직선은 양쪽으로 끝없이 늘인 곧은 선입니다.

05 • 각의 꼭짓점은 점 ㅁ이므로 각을 읽을 때에는 각의 꼭짓점이 가운데에 오도록 읽습니다.
   • 각의 변: 반직선 ㅁㄹ, 반직선 ㅁㅂ
   ➡ 변 ㅁㄹ, 변 ㅁㅂ

06 삼각자의 직각인 부분을 대었을 때 꼭 맞게 겹쳐지는 각이 직각입니다.

07 각: 한 점에서 그은 두 반직선으로 이루어진 도형

08 (1) 직각이 1개 있습니다.
   (2) 직각이 3개 있습니다.

09 모눈의 가로선과 세로선이 만나는 부분은 직각이므로 점 ㄱ과 이어야 하는 점을 찾으면 점 ㄹ입니다.

10 각 ㄱㄴㄷ은 점 ㄴ이 각의 꼭짓점이 되도록 그립니다.

11 3시는 시계의 긴바늘과 짧은바늘이 이루는 작은 쪽의 각이 직각입니다.

   참고 9시도 시계의 긴바늘과 짧은바늘이 이루는 작은 쪽의 각이 직각입니다.

12 모눈 칸을 이용하여 직각을 찾으면 각 ㄱㅂㄷ 또는 각 ㄷㅂㄱ입니다.

046쪽 1STEP 교과서 개념 잡기

1 직각삼각형

2

3 다

4 (   )(   )(○)

5

6 예

---

2 한 각이 직각인 삼각형을 완성합니다.

3 직각삼각형은 직각이 1개 있는 삼각형입니다.
따라서 한 각이 직각인 삼각형을 찾으면 다입니다.

4 한 각이 직각인 삼각형 모양의 물건을 찾습니다.

5 왼쪽 직각삼각형에서 직각인 부분을 찾아보고 똑같이 옮겨 그립니다.

6 그어진 선분을 이용하여 한 각이 직각인 삼각형을 완성합니다.

048쪽 **1STEP 교과서 개념 잡기**

1 직사각형   **2** 정사각형

3 (1) 4개 (2) 나

4 (1) 가, 다   (2) 나, 다   (3) 다   (4) 다

5

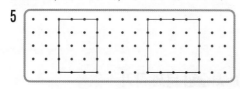

3 (1) 직사각형은 네 각이 모두 직각인 사각형이므로 직각이 4개입니다.
(2) 직각이 가는 2개, 나는 4개, 다는 0개, 라는 1개이므로 직사각형은 나입니다.

4 (4) 정사각형: 네 각이 모두 직각이고 네 변의 길이가 모두 같은 사각형

5 • 직사각형: 그어진 선분을 두 변으로 하고 네 각이 모두 직각인 사각형을 완성합니다.
• 정사각형: 그어진 선분을 한 변으로 하여 네 각이 모두 직각이고 네 변의 길이가 모두 같은 사각형을 완성합니다.

050쪽 **2STEP 수학익힘 문제 잡기**

01 직각삼각형

02 가, 다, 바

03 (예)

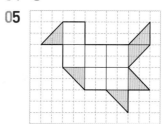

04 ④

05

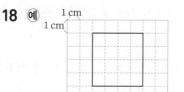

06 (예)

07 5개   **08** ㉠

09 (예)

10 가, 사   **11** 직사각형

12 정사각형   **13** 나, 다, 라, 마

14 다, 마   **15** ③

16 (예)

17 4, 2

18 (예)
1 cm
1 cm

19 3개   **20** 7, 7

21
짧은 변 →

22 36 cm   **23** 30 cm

24 (1) 2개   (2) 1개   (3) 3개

01 변이 3개, 꼭짓점이 3개, 각이 3개인 도형은 삼각형이고 한 각이 직각인 삼각형은 직각삼각형입니다.

02 직각삼각형은 한 각이 직각인 삼각형입니다.
→ 가, 다, 바

03 한 각이 직각인 삼각형이 되도록 세 점을 이어서 직각삼각형을 그립니다.

04 ④번의 점과 선분의 양 끝을 이으면 직각삼각형이 됩니다.

05 한 각이 직각인 삼각형을 모두 색칠합니다.

06 주어진 선분을 한 변으로 하고 한 각이 직각인 삼각형을 그립니다.

07

직각삼각형은 ①, ②, ③, ④, ⑤로 모두 5개입니다.

08 ⓒ 꼭짓점은 3개입니다.
ⓒ 두 삼각형의 크기는 다릅니다.
→ 바르게 설명한 것은 ㉠입니다.

09 채점 가이드 꼭짓점을 한 개만 옮겨서 한 각이 직각인 삼각형을 만들었으면 정답으로 인정합니다.

10 한 각이 직각인 삼각형을 찾으면 가, 사입니다.

11 변이 4개, 꼭짓점이 4개, 각이 4개인 도형은 사각형이고 네 각이 모두 직각인 사각형은 직사각형입니다.

12 네 각이 모두 직각이고 네 변의 길이가 모두 같은 사각형이 되므로 만들어진 사각형의 이름은 정사각형입니다.

13 네 각이 모두 직각인 사각형은 나, 다, 라, 마입니다.

14 네 각이 모두 직각이고 네 변의 길이가 모두 같은 사각형은 다, 마입니다.

15 ③ 직사각형은 네 변의 길이가 모두 같지 않은 경우가 있으므로 정사각형이라고 할 수 없습니다.

16 네 각이 모두 직각인 사각형을 그립니다.

17 직사각형은 네 각이 모두 직각인 사각형입니다.

18 네 각이 모두 직각이고 네 변의 길이가 모두 4 cm인 사각형을 그립니다.

19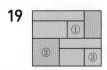

찾을 수 있는 정사각형은 ①, ②, ③으로 모두 3개입니다.

20 정사각형은 네 변의 길이가 모두 같습니다.
→ 한 변의 길이가 7 cm이므로 □=7입니다.

21 짧은 변의 길이가 모눈 3칸만큼이므로 긴 변의 길이가 모눈 3+2=5(칸)만큼 되도록 직사각형을 그립니다.

22 (정사각형을 만드는 데 사용한 끈의 길이)
$=9 \times 4=36 \text{(cm)}$

23 정사각형은 모든 변의 길이가 같으므로 빨간색 선의 길이는 5 cm인 변 6개의 길이와 같습니다.
→ $5 \times 6=30 \text{(cm)}$

24
(1) ①, ②로 2개입니다.
(2) ①+②로 1개입니다.
(3) 2+1=3(개)

※서술형 문제의 예시 답안입니다.

1 이유 곧은

2 이유 각은 한 점에서 그은 두 반직선으로 이루어진 도형인데 도율이가 그린 도형은 한 선이 곧은 선이 아닌 굽은 선이기 때문입니다. ▶5점

3 1단계 1, 2, 4   2단계 다
답 다

4 1단계 각각의 도형에서 직각을 찾아보면 가는 2개, 나는 1개, 다는 4개입니다. ▶3점
2단계 따라서 직각이 가장 적은 도형은 나입니다. ▶2점
답 나

5 1단계 '같습니다'에 ○표

2단계 12, 9, 42

답 42 cm

6 1단계 직사각형은 마주 보는 두 변의 길이가 같습니다. ▶2점

2단계 따라서 직사각형의 네 변의 길이의 합은 $6+8+6+8=28$(cm)입니다. ▶3점

답 28 cm

7 1단계 3, 4   2단계 3, 4, 12

답 12 cm

8 예 1단계 7, 4   2단계 7, 4, 28

답 28 cm

8 채점 가이드 한 변의 길이를 5 cm보다 긴 길이로 정하고 (한 변의 길이)×4로 필요한 철사의 길이를 구했으면 정답으로 인정합니다.

056쪽 **2단원 마무리**

01 직선

02 반직선 ㄴㄱ

03 (○)(   )(○)(   )

04 각 ㅁㅂㅅ(또는 각 ㅅㅂㅁ) / 점 ㅂ / 변 ㅂㅁ, 변 ㅂㅅ

05 나

06 2개

07 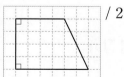 / 2

08 다

09 준호

10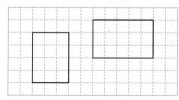

---

11 예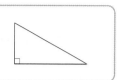

12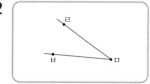

13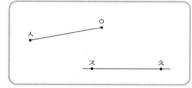

14 점 ㅁ

15 예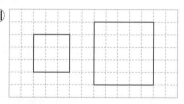

16 예

17 3

18 6개

19 ❶ 가, 나, 다에서 직각의 개수 각각 구하기 ▶3점
❷ 직각이 가장 많은 도형의 기호 쓰기 ▶2점

❶ 각각의 도형에서 직각을 찾아보면 가는 2개, 나는 4개, 다는 1개입니다.

❷ 따라서 직각이 가장 많은 도형은 나입니다.

답 나

20 ❶ 직사각형의 성질 알기 ▶2점
❷ 직사각형의 네 변의 길이의 합 구하기 ▶3점

❶ 직사각형은 마주 보는 두 변의 길이가 같습니다.

❷ 따라서 직사각형의 네 변의 길이의 합은 $6+4+6+4=20$ (cm)입니다.

답 20 cm

02 점 ㄴ에서 시작하여 점 ㄱ을 지나는 반직선
➡ 반직선 ㄴㄱ

03 각: 한 점에서 그은 두 반직선으로 이루어진 도형

04 • 각을 읽을 때에는 각의 꼭짓점이 가운데에 오도록 읽습니다.
· 각의 변: 반직선 ㅂㅁ, 반직선 ㅂㅅ
➡ 변 ㅂㅁ, 변 ㅂㅅ

05 직각삼각형: 한 각이 직각인 삼각형 ➡ 나

06 네 각이 모두 직각이고 네 변의 길이가 모두 같은 사각형은 가, 라로 모두 2개입니다.

08 각의 수가 가는 4개, 나는 5개, 다는 3개이므로 각의 수가 가장 적은 도형은 다입니다.

09 준호: 직사각형은 마주 보는 두 변의 길이가 같습니다.

10 그어진 선분을 두 변으로 하고 네 각이 모두 직각인 사각형을 그립니다.

11 주어진 선분을 한 변으로 하고 한 각이 직각인 삼각형을 그립니다.

12 각 ㄹㅁㅂ은 점 ㅁ이 각의 꼭짓점이 되도록 그립니다.

13 • 선분 ㅅㅇ: 점 ㅅ과 점 ㅇ을 곧게 선으로 잇습니다.
· 직선 ㅈㅊ: 점 ㅈ과 점 ㅊ을 지나는 곧은 선을 긋습니다.

14 모눈의 가로선과 세로선이 만나는 부분은 직각이므로 점 ㄴ과 이어야 하는 점을 찾으면 점 ㅁ입니다.

15 모눈종이의 칸 수를 이용하여 한 변의 길이가 서로 다른 정사각형을 2개 그립니다.

16 세 꼭짓점 중 한 개만 옮겨서 한 각이 직각인 삼각형을 만듭니다.

17 정사각형은 네 변의 길이가 모두 같으므로
□+□+□+□=12입니다.
따라서 3+3+3+3=12이므로 □=3입니다.

18

①	②	③

· 사각형 1개로 이루어진 직사각형:
①, ②, ③으로 3개입니다.
· 사각형 2개로 이루어진 직사각형:
①+②, ②+③으로 2개입니다.
· 사각형 3개로 이루어진 직사각형:
①+②+③으로 1개입니다.
➡ 3+2+1=6(개)

3 나눗셈

062쪽 **1STEP 교과서 개념 잡기**

1 2 / 3, 2
2 7, 7, 7 / 7, 3
3 54, 9, 6
4 예

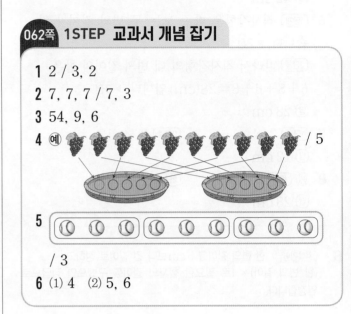

/ 5
5

/ 3
6 (1) 4 (2) 5, 6

1 ■÷▲=● ➡ ■ 나누기 ▲는 ●와 같습니다.

3 54÷9=6과 같은 식을 나눗셈식이라 하고, 54는 나누어지는 수, 9는 나누는 수, 6은 54를 9로 나눈 몫이라고 합니다.

4 포도를 1송이씩 번갈아 가며 나누어 담으면 바구니 한 개에 5송이씩 담을 수 있습니다.

5 야구공 9개를 3개씩 묶으면 3묶음이 됩니다.
➡ 9÷3=3

6 (1) 12에서 3씩 4번 빼면 0이 됩니다. ➡ 12÷3=4
(2) 30에서 5씩 6번 빼면 0이 됩니다. ➡ 30÷5=6

064쪽 **1STEP 교과서 개념 잡기**

1 6, 3 / 3, 6
2 4, 4 / 9, 4
3 (1) 2, 6 (2) 6, 2, 2 (3) 2, 6, 6
4 (1) 3, 21, 7, 21 (2) 3, 3, 7
5 (1)   (2)   (3)

3 (1) • 초콜릿은 6개씩 2줄로 모두 12개입니다.
  ➜ $6 \times 2 = 12$
  • 초콜릿은 2개씩 6줄로 모두 12개입니다.
  ➜ $2 \times 6 = 12$
  (2) 초콜릿 12개를 6묶음으로 똑같이 나누면 한 묶음에 2개씩 됩니다. ➜ $12 \div 6 = 2$
  (3) 초콜릿 12개를 2묶음으로 똑같이 나누면 한 묶음에 6개씩 됩니다. ➜ $12 \div 2 = 6$

4 (1) • 지우개가 7개씩 3줄이므로 $7 \times 3 = 21$입니다.
  • 지우개가 3개씩 7줄이므로 $3 \times 7 = 21$입니다.
  (2) • 지우개 21개를 7개씩 묶으면 3묶음이 됩니다.
  ➜ $21 \div 7 = 3$
  • 지우개 21개를 3개씩 묶으면 7묶음이 됩니다.
  ➜ $21 \div 3 = 7$

5 (1) $4 \times 5 = 20$ ⟨ $20 \div 5 = 4$
  $20 \div 4 = 5$
  (2) $8 \times 6 = 48$ ⟨ $48 \div 6 = 8$
  $48 \div 8 = 6$
  (3) $9 \times 7 = 63$ ⟨ $63 \div 7 = 9$
  $63 \div 9 = 7$

---

3 (1) 도넛 24개를 4개씩 묶으면 6묶음이 됩니다.
  (2) $24 \div 4$의 몫을 구할 수 있는 곱셈식은
  $4 \times 6 = 24$입니다.
  (3) $4 \times 6 = 24$이므로 $24 \div 4$의 몫은 6입니다.
  ➜ 6명에게 나누어 줄 수 있습니다.

4 (1) $24 \div 8$의 몫을 구할 수 있는 곱셈식은
  $8 \times 3 = 24$입니다.
  (2) $48 \div 6$의 몫을 구할 수 있는 곱셈식은
  $6 \times 8 = 48$입니다.

5 (1) $28 \div 7 = \boxed{4}$ $7 \times \boxed{4} = 28$ ➜ 몫: 4
  (2) $45 \div 5 = \boxed{9}$ $5 \times \boxed{9} = 45$ ➜ 몫: 9
  (3) $63 \div 9 = \boxed{7}$ $9 \times \boxed{7} = 63$ ➜ 몫: 7

066쪽 **1STEP 교과서 개념 잡기**

1 3, 3
2 3, 3, 3
3 (1) 예
  / 6 (2) 6 (3) 6, 6
4 (1) $8 \times 3 = 24$에 ○표 (2) $6 \times 8 = 48$에 ○표
5 (1)•
  (2)•
  (3)•

1 9와 곱해서 27이 되는 수는 3입니다.

2 주어진 곱셈표에서 알맞은 곱셈식을 찾아 몫을 구합니다.

068쪽 **2STEP 수학익힘 문제 잡기**

01 54 나누기 9는 6과 같습니다. / 6
02 3, 7 / 7
03 (왼쪽에서부터) (1) 2 / 5, 2 (2) 3 / 8, 3
04 9
05 $56 \div 8 = 7$에 색칠
06 32, 8 / 4명
07 $40 \div 5 = 8$ / 8개
08 35, 7, 5, 5
09 3, 4
10 2 / 2, 2
11 (1) 27, 3, 9 / 27, 9, 3
  (2) 6, 9, 54 / 9, 6, 54
12 (위에서부터) 3 / 3, 8, 24 / 3, 8
13 $7 \times 8 = 56$ / $56 \div 7 = 8$, $56 \div 8 = 7$
14 $9 \times 7 = 63$ / $63 \div 9 = 7$, $63 \div 7 = 9$
15 (1) 4 (2) 8 (3) 8 (4) 9
16 (1) 2, 2 (2) 8, 8 (3) 5, 5

17 (1) 4 (2) 6
18 9, 3
19 (1) 3, 9 (2) 6, 7
20 (위에서부터) 5 / 9 / 4 / 3
21 $48÷6=8$ / 8개
22

$35÷5$	$27÷9$	$6÷2$	$3÷1$	$49÷7$
$42÷7$	$15÷5$	$81÷9$	$24÷8$	$36÷6$
$27÷3$	$18÷6$	$48÷6$	$9÷3$	$8÷2$
$4÷1$	$28÷4$	$30÷6$	$21÷7$	$10÷5$
$32÷8$	$56÷7$	$64÷8$	$12÷4$	$72÷9$

/ 7

23 $54÷6$에 ○표
24 $24÷3=8$ / 8

01 ■÷▲＝●
  · 읽기: ■ 나누기 ▲는 ●와 같습니다.
  · ●는 ■를 ▲로 나눈 몫입니다.

02 클립 21개를 통 3개에 똑같이 나누어 담으면 통 한 개에 7개씩 담을 수 있습니다. ➔ $21÷3=7$

03 (1) 10에서 5씩 2번 빼면 0이 됩니다. ➔ $10÷5=2$
  (2) 24에서 8씩 3번 빼면 0이 됩니다. ➔ $24÷8=3$

04
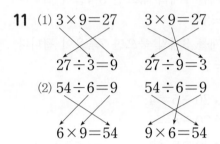

27을 3묶음으로 똑같이 나누면 한 묶음에 9이므로 $27÷3=9$입니다.
  ➔ 금붕어를 어항 한 개에 9마리씩 넣을 수 있습니다.

05 젤리 56개를 8개씩 묶으면 7묶음이 됩니다.
  ➔ $56÷8=7$

06 $32÷8=4$는 떡 32개를 8개씩 묶으면 4묶음이 된다는 것을 나타냅니다.

07 양파 40개를 5개씩 묶으면 8묶음이 되므로 망이 8개 필요합니다. ➔ $40÷5=8$

08 $35-7-7-7-7-7=0$ ➔ $35÷7=5$
  (5번)

09 · 가 화분: 꽃 12송이를 화분 4개에 똑같이 나누어 심으면 화분 한 개에 3송이씩 심을 수 있습니다.
  · 나 화분: 꽃 12송이를 화분 3개에 똑같이 나누어 심으면 화분 한 개에 4송이씩 심을 수 있습니다.

10 참외는 8개씩 2줄이므로 $8×2=16$입니다.
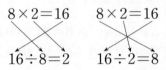
$8×2=16$ $8×2=16$
$16÷8=2$ $16÷2=8$

11 (1) $3×9=27$ $3×9=27$
  $27÷3=9$ $27÷9=3$
  (2) $54÷6=9$ $54÷6=9$
  $6×9=54$ $9×6=54$

12 · 사진이 8장씩 3줄이므로 $8×3=24$입니다.
    ➔ $24÷8=3$
  · 사진이 3장씩 8줄이므로 $3×8=24$입니다.
    ➔ $24÷3=8$

13 꽃이 7송이씩 8묶음 있으므로 $7×8=56$입니다.
  ➔ $56÷7=8$, $56÷8=7$

14 오렌지가 9개씩 7줄이므로 $9×7=63$입니다.
  ➔ $63÷9=7$, $63÷7=9$

15 (1) $8×4=32$이므로 $32÷8=4$입니다.
  (2) $5×8=40$이므로 $40÷5=8$입니다.
  (3) $7×8=56$이므로 $56÷7=8$입니다.
  (4) $9×9=81$이므로 $81÷9=9$입니다.

16 곱셈식을 이용하여 나눗셈의 몫을 구합니다.
  (1) $5×2=10$ ➔ $10÷5=2$
  (2) $4×8=32$ ➔ $32÷4=8$
  (3) $9×5=45$ ➔ $45÷9=5$

17 (1) $6×4=24$ ➔ $24÷6=4$
  (2) $7×6=42$ ➔ $42÷7=6$

18 $72÷8=9$, $9÷3=3$

19 (1) $3 \times 9 = 27$ ➔ $27 \div 3 = 9$

(2) $6 \times 7 = 42$ ➔ $42 \div 6 = 7$

20 · $8 \times 5 = 40$ ➔ $40 \div 8 = 5$

· $7 \times 9 = 63$ ➔ $63 \div 7 = 9$

· $4 \times 4 = 16$ ➔ $16 \div 4 = 4$

· $9 \times 3 = 27$ ➔ $27 \div 9 = 3$

21 딸기 48개를 꼬치 막대 하나에 6개씩 끼우면 딸기 꼬치를 $48 \div 6 = 8$(개) 만들 수 있습니다.

22

$35 \div 5$ $= 7$	$27 \div 9$ $= 3$	$6 \div 2$ $= 3$	$3 \div 1$ $= 3$	$49 \div 7$ $= 7$
$42 \div 7$ $= 6$	$15 \div 5$ $= 3$	$81 \div 9$ $= 9$	$24 \div 8$ $= 3$	$36 \div 6$ $= 6$
$27 \div 3$ $= 9$	$18 \div 6$ $= 3$	$48 \div 6$ $= 8$	$9 \div 3$ $= 3$	$8 \div 2$ $= 4$
$4 \div 1$ $= 4$	$28 \div 4$ $= 7$	$30 \div 6$ $= 5$	$21 \div 7$ $= 3$	$10 \div 5$ $= 2$
$32 \div 8$ $= 4$	$56 \div 7$ $= 8$	$64 \div 8$ $= 8$	$12 \div 4$ $= 3$	$72 \div 9$ $= 8$

나눗셈의 몫이 3인 것을 색칠하면 7이 나타납니다.

23 $21 \div 3 = 7$, $54 \div 6 = 9$, $35 \div 7 = 5$, $32 \div 8 = 4$

따라서 몫이 가장 큰 나눗셈인 $54 \div 6$에 ○표 합니다.

24 $24 \div 3 = 8$, $24 \div 4 = 6$, $24 \div 6 = 4$, $24 \div 8 = 3$

몫이 가장 큰 나눗셈식: $24 \div 3 = 8$

（참고） 나누는 수가 작을수록 몫은 큽니다.

（072쪽） **3STEP 서술형 문제 잡기**

※서술형 문제의 예시 답안입니다.

1 （방법1） 8, 8, 8, 0, 5 （방법2） 5, 5

（답） 5도막

2 （방법1） $63 - 9 - 9 - 9 - 9 - 9 - 9 - 9 = 0$이므로 7도막이 됩니다. ▶2점

（방법2） $63 \div 9 = 7$이므로 7도막이 됩니다. ▶3점

（답） 7도막

3 （1단계） 3, 24 （2단계） 3, 3

（답） 3장

---

4 （1단계） $21 \div 3$의 몫을 구할 수 있는 곱셈식은 $3 \times 7 = 21$입니다. ▶3점

（2단계） $21 \div 3 = 7$이므로 접시 한 개에 자두를 7개씩 담을 수 있습니다. ▶2점

（답） 7개

5 （1단계） 4, 36 （2단계） 36, 6

（답） 6개

6 （1단계） 색종이는 8장씩 3묶음이므로 $8 \times 3 = 24$(장)입니다. ▶2점

（2단계） 한 상자에 6장씩 담으려면 필요한 상자는 $24 \div 6 = 4$(개)입니다. ▶3점

（답） 4개

7 （1단계） 5, 35 （2단계） 35, 7, 35, 5, 7

8 （예） （1단계） 56, 8, 7 / 8, 7, 56

（2단계） 56, 8, 7, 56, 7, 8

---

8 （채점 가이드） · 8, 56, 7로 만들 수 있는 곱셈식과 나눗셈식

➔ $8 \times 7 = 56$, $7 \times 8 = 56$ / $56 \div 8 = 7$, $56 \div 7 = 8$

· 6, 7, 42로 만들 수 있는 곱셈식과 나눗셈식

➔ $6 \times 7 = 42$, $7 \times 6 = 42$ / $42 \div 6 = 7$, $42 \div 7 = 6$

（074쪽） **3단원 마무리**

01 （예）

02 4개

03 32 나누기 4는 8과 같습니다. / 8

04 5

05 3 / 3, 3

06 ( )( )(○)

07 9 / 5

08 9, 9

09 5, 8

10 56, 8, 7 / 56, 7, 8

11 $7 \times 4 = 28$ / $28 \div 7 = 4$, $28 \div 4 = 7$

12 8, 4

13 유석 / $14 \div 7 = 2$

14 $4\times5=20$ / $20\div4=5$, $20\div5=4$

15 $81\div9=9$ / 9권

16 ㉡   **17** 준호

18 5개 / 3개

서술형   ※서술형 문제의 예시 답안입니다.

19 ❶ 뺄셈으로 해결하기 ▶ 2점
     ❷ 나눗셈으로 해결하기 ▶ 3점

  ❶ $45-5-5-5-5-5-5-5-5-5=0$
  이므로 9도막이 됩니다.
  ❷ $45\div5=9$이므로 9도막이 됩니다.
  답 9도막

20 ❶ 만든 초콜릿의 수 구하기 ▶ 2점
     ❷ 필요한 봉지 수 구하기 ▶ 3점

  ❶ 만든 초콜릿은 3개씩 6줄이므로 모두
  $3\times6=18$(개)입니다.
  ❷ 따라서 한 봉지에 2개씩 담으려면 필요한 봉
  지는 $18\div2=9$(개)입니다.
  답 9개

01 과자를 1개씩 번갈아 가며 나누어 ○를 그립니다.

02 과자 12개를 접시 3개에 똑같이 나누어 놓으면 접시
한 개에 과자를 4개씩 놓을 수 있습니다.

03 $\blacksquare\div\blacktriangle=\bullet$
• 읽기: $\blacksquare$ 나누기 $\blacktriangle$는 $\bullet$와 같습니다.
• $\bullet$는 $\blacksquare$를 $\blacktriangle$로 나눈 몫입니다.

04 25에서 5씩 5번 빼면 0이 됩니다.
➔ $25\div5=5$

05 토끼 인형은 7개씩 3줄이므로 $7\times3=21$입니다.

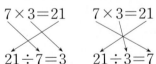

06 $18\div3$의 몫을 구할 수 있는 곱셈식은 $3\times6=18$입
니다.

07 나누는 수가 9이므로 9단 곱셈구구를 이용합니다.
$9\times5=45$ ➔ $45\div9=5$

08 곱셈식을 이용하여 나눗셈의 몫을 구합니다.
$3\times9=27$ ➔ $27\div3=9$

09 곱셈표를 보고 나눗셈의 몫을 찾습니다.
• $6\times5=30$ ➔ $30\div6=5$
• $5\times8=40$ ➔ $40\div5=8$

10 $8\times7=56$ $8\times7=56$

     $56\div7=8$ $56\div8=7$

11 사물함이 7개씩 4줄이므로 곱셈식으로 나타내면
$7\times4=28$입니다.
곱셈식을 나눗셈식으로 나타내면
$28\div7=4$, $28\div4=7$입니다.

12 • 3단 곱셈구구에서 $3\times8=24$이므로
  $24\div3=8$입니다.
• 2단 곱셈구구에서 $2\times4=8$이므로
  $8\div2=4$입니다.

13 14에서 7씩 2번 빼면 0이 됩니다.
$14-7-7=0$ ➔ $14\div7=2$

14 사탕은 4개씩 5묶음이므로 곱셈식으로 나타내면
$4\times5=20$입니다.
곱셈식을 나눗셈식으로 나타내면
$20\div4=5$, $20\div5=4$입니다.

15 동화책 81권을 똑같이 9칸에 나누어 꽂으면 한 칸에
9권씩 꽂을 수 있습니다.
➔ $81\div9=9$(권)

16 ㉠ 8단 곱셈구구에서 $8\times8=64$이므로
  $64\div8=8$입니다.
㉡ 6단 곱셈구구에서 $6\times9=54$이므로
  $54\div6=9$입니다.
㉢ 5단 곱셈구구에서 $5\times6=30$이므로
  $30\div5=6$입니다.
➔ $9>8>6$이므로 몫이 가장 큰 나눗셈은 ㉡입니다.

17 • 준호: 한 명이 지우개를 $48\div6=8$(개)씩 가질 수
  있습니다.
• 연서: 한 명이 지우개를 $72\div8=9$(개)씩 가질 수
  있습니다.
➔ 한 명이 가질 수 있는 지우개가 더 적은 사람: 준호

18 • 삼각형 한 개의 변: 3개
  ➔ 삼각형의 개수: $15\div3=5$(개)
• 사각형 한 개의 변: 4개
  ➔ 사각형의 개수: $12\div4=3$(개)

4 곱셈

1
$$\begin{array}{r} 21 \\ \times \quad 2 \\ \hline 2 \end{array} \rightarrow \begin{array}{r} 21 \\ \times \quad 2 \\ \hline 2 \\ 40 \end{array} \rightarrow \begin{array}{r} 21 \\ \times \quad 2 \\ \hline 2 \\ 40 \\ \hline 42 \end{array}$$

2 (1) 4, 4 (2) 6, 6

3 4, 8

4 (1) 2, 20 (2) 3, 90

5 (1) 4 / 8, 0 / 8, 4 (2) 6 / 9, 0 / 9, 6

6 (1) 50 (2) 80 (3) 66 (4) 93

1 $1 \times 2 = 2$와 $20 \times 2 = 40$을 더합니다.
→ $21 \times 2 = 2 + 40 = 42$

2 (몇십)×(몇)의 계산은 (몇)×(몇)을 계산한 값에
0을 붙인 것과 같습니다.

3 일 모형이 $2 \times 4 = 8$(개),
십 모형이 $1 \times 4 = 4$(개)
이므로 $12 \times 4 = 48$입니다.

$$12 \times 4 = 48$$

4 (1) 초콜릿이 10개씩 2상자 → $10 \times 2 = 20$
(2) 달걀이 30개씩 3판 → $30 \times 3 = 90$

5 (1) • 일의 자리: $1 \times 4 = 4$
• 십의 자리: $20 \times 4 = 80$
→ $21 \times 4 = 4 + 80 = 84$
(2) • 일의 자리: $2 \times 3 = 6$
• 십의 자리: $30 \times 3 = 90$
→ $32 \times 3 = 6 + 90 = 96$

6 (3) • 일의 자리: $1 \times 6 = 6$
• 십의 자리: $10 \times 6 = 60$
→ $11 \times 6 = 6 + 60 = 66$
(4) • 일의 자리: $1 \times 3 = 3$
• 십의 자리: $30 \times 3 = 90$
→ $31 \times 3 = 3 + 90 = 93$

1
$$\begin{array}{r} 62 \\ \times \quad 3 \\ \hline 6 \end{array} \rightarrow \begin{array}{r} 62 \\ \times \quad 3 \\ \hline 6 \\ 180 \end{array} \rightarrow \begin{array}{r} 62 \\ \times \quad 3 \\ \hline 6 \\ 180 \\ \hline 186 \end{array}$$

2 140, 2 / 142

3 (1) 2, 8 (2) 30, 120 (3) 128

4 (1) 2 / 1, 2, 0 / 1, 2, 2
(2) 8 / 2, 0, 0 / 2, 0, 8

5 (1) 159 (2) 148 (3) 217

6 (1) 244 (2) 246

1 $2 \times 3 = 6$과 $60 \times 3 = 180$을 더합니다.
→ $62 \times 3 = 6 + 180 = 186$

2 • 십 모형: $70 \times 2 = 140$
• 일 모형: $1 \times 2 = 2$
→ $71 \times 2 = 140 + 2 = 142$

3 (1) 일 모형은 2개씩 4묶음이므로 일 모형이 나타내
는 수는 $2 \times 4 = 8$입니다.
(2) 십 모형은 3개씩 4묶음이므로 십 모형이 나타내
는 수는 $30 \times 4 = 120$입니다.
(3) $32 \times 4 = 8 + 120 = 128$

4 (1) • 일의 자리: $1 \times 2 = 2$
• 십의 자리: $60 \times 2 = 120$
→ $61 \times 2 = 2 + 120 = 122$
(2) • 일의 자리: $2 \times 4 = 8$
• 십의 자리: $50 \times 4 = 200$
→ $52 \times 4 = 8 + 200 = 208$

01 90

02 20, 80

03 (1) (2)

04 12, 36 / 36명

05 46장

06 61

07 (1) 104 (2) 324 (3) 148

08 (위에서부터) 183, 244 / 246, 328

09 연서   **10** (1) > (2) <

11 민우, 6번   **12** 168 cm

---

01 십 모형은 3개씩 3묶음이므로 $3 \times 3 = 9$(개)이고, 십 모형 9개가 나타내는 수는 90입니다.
→ $30 \times 3 = 90$

02 • $10 \times 2 = 20$
    • $40 \times 2 = 80$

03 (1) $11 \times 5 = 55$ (2) $32 \times 2 = 64$

04 (3번 운행할 때 탈 수 있는 사람 수)
    =(한 번 운행할 때 탈 수 있는 사람 수)$\times 3$
    $= 12 \times 3 = 36$(명)

05 (리아가 가지고 있는 붙임딱지 수)$= 23 \times 2 = 46$(장)

06 $30 \times 2 = 60$이므로 $60 < \square$에서 $\square$ 안에 들어갈 수 있는 두 자리 수 중 가장 작은 수는 61입니다.

07 (1)
$$\begin{array}{r} 5\ 2 \\ \times\quad 2 \\ \hline 1\ 0\ 4 \end{array}$$
(2)
$$\begin{array}{r} 8\ 1 \\ \times\quad 4 \\ \hline 3\ 2\ 4 \end{array}$$
(3)
$$\begin{array}{r} 7\ 4 \\ \times\quad 2 \\ \hline 1\ 4\ 8 \end{array}$$

08 • $61 \times 3 = 183$, $61 \times 4 = 244$
    • $82 \times 3 = 246$, $82 \times 4 = 328$

09 $42 \times 4 = 168$
    • 규민: $52 \times 3 = 156$
    • 주경: $21 \times 5 = 105$
    • 연서: $84 \times 2 = 168$
    따라서 42×4와 계산 결과가 같은 사람은 연서입니다.

10 (1) $63 \times 3 = 189$, $71 \times 2 = 142$ → $189 > 142$
    (2) $93 \times 3 = 279$, $82 \times 4 = 328$ → $279 < 328$

11 • 하영: $83 \times 3 = 249$(번)
    • 민우: $51 \times 5 = 255$(번)
    따라서 민우가 하영이보다 줄넘기를 $255 - 249 = 6$(번) 더 했습니다.

12 정사각형의 네 변의 길이는 모두 같으므로 정사각형을 만드는 데 사용한 철사의 길이는 $42 \times 4 = 168$ (cm)입니다.

086쪽 1STEP 교과서 개념 잡기

1
$$\begin{array}{r} {}^{1}\ \\ 3\ 7 \\ \times\quad 2 \\ \hline 4 \end{array} \rightarrow \begin{array}{r} {}^{1}\ \\ 3\ 7 \\ \times\quad 2 \\ \hline 7\ 4 \end{array} \quad \bigg| \quad \begin{array}{r} 3\ 7 \\ \times\quad 2 \\ \hline 1\ 4 \\ 6\ 0 \\ \hline 7\ 4 \end{array}$$

2 30, 12 / 42

3 (1) 8, 24 (2) 10, 30 (3) 54

4 (1) 2, 1 / 6, 0 / 8, 1 (2) 3, 6 / 4, 0 / 7, 6

5 (1) 1 / 9, 2 (2) 1 / 7, 5

6 (1) 84 (2) 76 (3) 87

3 (3) $18 \times 3 = 24 + 30 = 54$

4 (1) • 일의 자리: $7 \times 3 = 21$
        • 십의 자리: $20 \times 3 = 60$
        → $27 \times 3 = 21 + 60 = 81$
    (2) • 일의 자리: $9 \times 4 = 36$
        • 십의 자리: $10 \times 4 = 40$
        → $19 \times 4 = 36 + 40 = 76$

6 (1)
$$\begin{array}{r} {}^{1}\ \\ 1\ 2 \\ \times\quad 7 \\ \hline 8\ 4 \end{array}$$
(2)
$$\begin{array}{r} {}^{1}\ \\ 3\ 8 \\ \times\quad 2 \\ \hline 7\ 6 \end{array}$$
(3)
$$\begin{array}{r} {}^{2}\ \\ 2\ 9 \\ \times\quad 3 \\ \hline 8\ 7 \end{array}$$

088쪽 1STEP 교과서 개념 잡기

1
$$\begin{array}{r} {}^{3}\ \\ 6\ 8 \\ \times\quad 4 \\ \hline 2 \end{array} \rightarrow \begin{array}{r} {}^{3}\ \\ 6\ 8 \\ \times\quad 4 \\ \hline 2\ 7\ 2 \end{array} \quad \bigg| \quad \begin{array}{r} 6\ 8 \\ \times\quad 4 \\ \hline 3\ 2 \\ 2\ 4\ 0 \\ \hline 2\ 7\ 2 \end{array}$$

2 120, 16, 136

3 (1) 5, 15 (2) 40, 120 (3) 135

4 (1) 4, 2 / 3, 5, 0 / 3, 9, 2
    (2) 3, 0 / 4, 8, 0 / 5, 1, 0

5 (1) 1 / 2, 5, 6 (2) 2 / 5, 8, 4

6 (1) 138 (2) 441 (3) 395

2
- 10 이 나타내는 수: $30 \times 4 = 120$
- 1 이 나타내는 수: $4 \times 4 = 16$
- ➡ $34 \times 4 = 120 + 16 = 136$

3 (3) $45 \times 3 = 15 + 120 = 135$

4 (1) • 일의 자리: $6 \times 7 = 42$
- 십의 자리: $50 \times 7 = 350$
- ➡ $56 \times 7 = 42 + 350 = 392$
- (2) • 일의 자리: $5 \times 6 = 30$
- 십의 자리: $80 \times 6 = 480$
- ➡ $85 \times 6 = 30 + 480 = 510$

5 일의 자리에서 올림한 수는 십의 자리 위에 작게 쓰고, 십의 자리에서 올림한 수는 백의 자리에 씁니다.

6
(1)
```
   1
   4 6
 ×   3
 1 3 8
```
(2)
```
   2
   6 3
 ×   7
 4 4 1
```
(3)
```
   4
   7 9
 ×   5
 3 9 5
```

090쪽 **1STEP 교과서 개념 잡기**

1
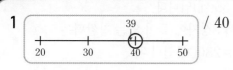
/ 40
/ 40, 7, 280 / 280

2 60 / 60, 360, 360

3 (1) 20×3에 색칠 (2) 70×5에 색칠

4 (1) 60 (2) 60, 480
(3) '큰'에 ○표, '작습니다'에 ○표

2 어림할 때는 가장 가까운 몇십으로 어림합니다.

3 (1) 18은 20과 가장 가까우므로 20×3에 색칠합니다.
(2) 72는 70과 가장 가까우므로 70×5에 색칠합니다.

4 (3) 어림한 수가 58보다 큰 수이므로 실제 계산한 값은 480보다 작습니다.

092쪽 **2STEP 수학익힘 문제 잡기**

01
```
   1
   4 6
 ×   2
   9 2
```
02 51, 92

03 90개 　　　　　**04** 4

05 (1) 144 (2) 145 (3) 168

06 (위에서부터) 252, 420

07 125, 125

08 450

09 99 / 99 / 396

10 '약 180개'에 ○표

11 예 $30 \times 7 = 210$ / 약 210개

12 예 약 100개

03 $18 \times 5 = 90$(개)

04 • 일의 자리: $8 \times 2 = 16$에서 10을 십의 자리로 올림합니다.
- 십의 자리: 일의 자리에서 올림한 1을 빼면
$9 - 1 = 8$이므로 $\square \times 2 = 8$입니다.
➡ $\square = 4$

05
(1)
```
   2
   3 6
 ×   4
 1 4 4
```
(2)
```
   4
   2 9
 ×   5
 1 4 5
```
(3)
```
   1
   5 6
 ×   3
 1 6 8
```

08 수의 크기를 비교하면 $75 > 63 > 9 > 6$이므로 가장 큰 수는 75, 가장 작은 수는 6입니다.
따라서 가장 큰 수와 가장 작은 수의 곱은
$75 \times 6 = 450$입니다.

09 두 자리 수 중에서 가장 큰 수: 99
➡ $99 \times 4 = 396$

10 63은 60에 가장 가까우므로 3상자에 들어 있는 사탕은 약 $60 \times 3 = 180$(개)입니다.

11 29는 약 30으로 어림할 수 있고 일주일은 7일입니다.
따라서 지환이가 일주일 동안 푼 문제는
약 $30 \times 7 = 210$(개)입니다.

12 21은 약 20이므로 5일 동안 접은 종이학은
약 $20 \times 5 = 100$(개)입니다.

094쪽 3STEP 서술형 문제 잡기

※서술형 문제의 예시 답안입니다.

1 [1단계]
$$\begin{array}{r} \overset{1}{}3\ 9 \\ \times2 \\ \hline 7\ 8 \end{array}$$
[2단계] 18, 십

2 [1단계]
$$\begin{array}{r} \overset{2}{}1\ 7 \\ \times3 \\ \hline 5\ 1 \end{array} \blacktriangleright 2점$$
[2단계] 일의 자리 계산 $7 \times 3 = 21$에서 십의 자리로 올림한 수를 십의 자리 계산에 더해야 합니다. ▶3점

3 [1단계] 3, 18
[2단계] 18, 72
[답] 72개

4 [1단계] 한 상자에 들어 있는 과자는
$8 \times 3 = 24$(개)입니다. ▶2점
[2단계] 따라서 7상자에 들어 있는 과자는
$24 \times 7 = 168$(개)입니다. ▶3점
[답] 168개

5 [1단계] 25, 25, 21
[2단계] 21, 84
[답] 84

6 [1단계] 어떤 수를 ■라 하면 ■$+7=29$이므로
■$=29-7=22$입니다. ▶2점
[2단계] 따라서 바르게 계산한 값은 $22 \times 7 = 154$입니다. ▶3점
[답] 154

7 7
[1단계] 37
[2단계] 37, 111
[답] 111

8 [예] 8
[예] [1단계] 8, 28
[2단계] 28, 112
[답] 112

8 [채점 가이드] 다음 계산식을 만들었으면 정답입니다.
• 8을 고른 경우: $28 \times 4 = 112$
• 3을 고른 경우: $23 \times 4 = 92$
• 5를 고른 경우: $25 \times 4 = 100$

096쪽 4단원 마무리

01 69
02 8 / 1, 2, 0 / 1, 2, 8
03 (1) 94 (2) 455
04 120, 9 / 129
05 (위에서부터) 40, 60
06 연서
07 30, 30
08 30
09 75, 150
10 (1)
(2)
11 >
12 248
13 68장
14 $35 \times 4 = 140$ / 140개
15 약 420개
16 2
17 81   **18** 168개

서술형   ※서술형 문제의 예시 답안입니다.

19 ❶ 한 상자에 들어 있는 찹쌀떡 수 구하기 ▶2점
❷ 8상자에 들어 있는 찹쌀떡 수 구하기 ▶3점

❶ 한 상자에 들어 있는 찹쌀떡은
$7 \times 5 = 35$(개)입니다.
❷ 따라서 8상자에 들어 있는 찹쌀떡은
$35 \times 8 = 280$(개)입니다.
[답] 280개

20 ❶ 어떤 수 구하기 ▶2점
❷ 바르게 계산한 값 구하기 ▶3점

❶ 어떤 수를 ■라 하면 ■$+8=36$,
■$=36-8=28$입니다.
❷ 따라서 바르게 계산한 값은 $28 \times 8 = 224$입니다.
[답] 224

01 • 일 모형이 나타내는 수: $3 \times 3 = 9$
• 십 모형이 나타내는 수: $20 \times 3 = 60$
➔ $23 \times 3 = 9 + 60 = 69$

03 (1)
$$\begin{array}{r} {\scriptstyle 1} \\ 4\ 7 \\ \times\quad 2 \\ \hline 9\ 4 \end{array}$$
(2)
$$\begin{array}{r} {\scriptstyle 3} \\ 6\ 5 \\ \times\quad 7 \\ \hline 4\ 5\ 5 \end{array}$$

04 • 십의 자리: $40 \times 3 = 120$
• 일의 자리: $3 \times 3 = 9$
➜ $43 \times 3 = 129$

06 규민: $30 \times 2 = 60$
따라서 바르게 계산한 사람은 연서입니다.

08 일의 자리 계산 $8 \times 4 = 32$에서 30을 십의 자리로 올림한 것입니다.
➜ ☐ 안의 수 3이 실제로 나타내는 값은 30입니다.

10 (1) $62 \times 4 = 248$ (2) $73 \times 3 = 219$

11 $48 \times 3 = 144$, $23 \times 5 = 115$
➜ $144 > 115$

12 $62 > 58 > 9 > 4$이므로 가장 큰 수는 62이고, 가장 작은 수는 4입니다.
➜ $62 \times 4 = 248$

13 (준호가 가지고 있는 색종이 수)
$= 34 \times 2 = 68$(장)

14 (4상자에 들어 있는 감자 수)
$=$(한 상자에 들어 있는 감자 수)$\times 4$
$= 35 \times 4 = 140$(개)

15 62는 약 60으로 어림할 수 있습니다.
따라서 약 $60 \times 7 = 420$(개)로 어림할 수 있습니다.

16 • 일의 자리: $7 \times 3 = 21$에서 20을 십의 자리로 올림합니다.
• 십의 자리: 일의 자리에서 올림한 2를 빼면 $8 - 2 = 6$이므로 ☐$\times 3 = 6$입니다.
➜ ☐$= 2$

17 $20 \times 4 = 80$이므로 $80 <$☐에서 ☐ 안에 들어갈 수 있는 두 자리 수 중 가장 작은 수는 81입니다.

18 (두 사람이 하루 동안 만든 종이꽃 수)
$= 24 + 32 = 56$(개)
➜ (두 사람이 3일 동안 만든 종이꽃 수)
$= 56 \times 3 = 168$(개)

5 길이와 시간

1 $1\,mm$ / 밀리미터 / 10
2 mm / 밀리미터 / 83
3 (1) $5\,mm$ / 5 밀리미터
(2) $9\,cm\ 4\,mm$ / 9 센티미터 4 밀리미터
4 $5, 4$
5 $6, 8$
6 (1) 50 (2) 7 (3) $20, 25$ (4) $40, 41$

3 cm는 '센티미터'로, mm는 '밀리미터'로 읽습니다.

4 자석의 길이는 $5\,cm$보다 $4\,mm$ 더 깁니다.

5 나무 막대의 길이를 자로 재어 보면 $6\,cm$보다 $8\,mm$ 더 깁니다. ➜ $6\,cm\ 8\,mm$

6 $1\,cm = 10\,mm$인 것을 이용합니다.

1 2800 / 킬로미터 / 2800
2 (1) 1 (2) 1
3 (1) $8\,km$ / 8 킬로미터
(2) $5\,km\ 200\,m$ / 5 킬로미터 200 미터
4 $7, 600$
5 $3, 200$
6 (1) 8000 (2) 2
(3) $6000, 6900$ (4) $8000, 8100$

1
- 2 km 800 m는 2 킬로미터 800 미터라고 읽습니다.
- 2 km 800 m＝2000 m＋800 m＝2800 m

2 1000 m를 1 km라고 합니다.

3 km는 '킬로미터'로, m는 '미터'로 읽습니다.

4 수직선에서 작은 눈금 한 칸의 크기는 100 m입니다.
→ 7 km에서 작은 눈금 6칸을 더 갔으므로
7 km 600 m입니다.

5 3200 m＝3000 m＋200 m
＝3 km 200 m

6 1 km＝1000 m인 것을 이용합니다.

106쪽 1STEP 교과서 개념 잡기

1 4, 28
2 1500, 1, 500
3 ⑩ 약 3 cm / 3 cm 4 mm (또는 34 mm)
4 150
5 현우
6 (1) m   (2) cm

1 크레파스의 길이가 약 7 cm이므로
약 7×4＝28 (cm)로 어림할 수 있습니다.

3 어림한 길이를 말할 때에는 '약 몇 cm 몇 mm' 또는 '약 몇 mm'라고 씁니다.

4 정글짐에서 표시된 ㉠의 길이는 약 30 cm의 5배 정도인 길이입니다.
30 cm＋30 cm＋30 cm＋30 cm＋30 cm
＝150 cm → 약 150 cm

5 서울에서 대전까지의 거리는 km로 나타내는 것이 알맞습니다.

108쪽 2STEP 수학익힘 문제 잡기

01 (1) 73   (2) 5, 6   (3) 19, 2
02 (1) ├─────────────────── ·······
(2) ├──────────── ···············
03 (1) •   **04** 5, 8, 58
(2) •
(3) •
05 1, 900, 1900
06 (위에서부터) 3987 m, 4 km 834 m
07 2600 m
08 현우
09 (위에서부터) ⑩ 약 5 cm, 5 cm 3 mm /
⑩ 약 2 cm, 2 cm 4 mm
10 ㉡
11 (1) 15 cm   (2) 2 km 300 m
12 (1) 문구점, 경찰서   (2) ⑩ 약 3 km

01 (1) 7 cm 3 mm＝70 mm＋3 mm＝73 mm
(2) 56 mm＝50 mm＋6 mm＝5 cm 6 mm
(3) 192 mm＝190 mm＋2 mm＝19 cm 2 mm

02 (1) 점선 위에 자를 대고 4 cm보다 7 mm 더 길게 선을 긋습니다.
(2) 28 mm＝2 cm 8 mm
→ 점선 위에 자를 대고 2 cm보다 8 mm 더 길게 선을 긋습니다.

03 (1) 42 mm＝40 mm＋2 mm＝4 cm 2 mm
(2) 98 mm＝90 mm＋8 mm＝9 cm 8 mm
(3) 26 mm＝20 mm＋6 mm＝2 cm 6 mm

04 자의 눈금이 1 cm부터 시작했으므로 1 cm부터 눈금을 읽습니다.
→ 5 cm 8 mm＝50 mm＋8 mm＝58 mm

05 1 km＝1000 m이므로 1 km 900 m＝1900 m입니다.

06 • 천마 터널: 3 km 987 m＝3000 m＋987 m
＝3987 m
• 관악 터널: 4834 m＝4000 m＋834 m
＝4 km 834 m

07 2 km보다 600 m 더 간 거리: 2 km 600 m

➜ 2 km 600 m＝2000 m＋600 m＝2600 m

주의 '몇 m'로 답해야 하는데 2 km 600 m로 답하지 않도록 주의합니다.

08 1407 m＝1000 m＋407 m＝1 km 407 m

➜ 1407 m＞1 km 400 m＞1 km 40 m

09 어림한 길이를 말할 때에는 '약 몇 cm 몇 mm' 또는 '약 몇 mm'라고 씁니다.

10 길이가 1 km＝1000 m보다 긴 것을 찾습니다.

11 1 mm, 1 cm, 1 m, 1 km가 나타내는 길이를 생각하며 각각의 문장에 알맞은 길이를 고릅니다.

12 (1) 학교에서 병원까지 거리의 반 정도 떨어진 장소를 찾으면 문구점, 경찰서입니다.

(2) 학교에서 백화점까지의 거리는 학교에서 문구점까지 거리의 약 3배인 거리이므로 약 3 km입니다.

110쪽 1STEP 교과서 개념 잡기

1 3, 50, 30 / 3, 50, 30
2 (1) 4, 35, 20 (2) 10, 5, 10
3 (1) 6, 16, 48 (2) 8, 32, 14
4 ( )( )(○)
5 (1) 60, 110 (2) 40, 1, 40

---

2 (1) • 짧은바늘: 4와 5 사이 ➜ 4시
  • 긴바늘: 7을 지남 ➜ 35분
  • 초바늘: 4 ➜ 20초
(2) • 짧은바늘: 10과 11 사이 ➜ 10시
  • 긴바늘: 1을 지남 ➜ 5분
  • 초바늘: 2 ➜ 10초

3 ':'을 기준으로 앞에서부터 각각 시, 분, 초를 나타냅니다.

4 1초는 초바늘이 작은 눈금 한 칸을 가는 동안 걸리는 시간입니다.

112쪽 1STEP 교과서 개념 잡기

1 3, 90 / 1, 4, 30
2 (1) 12, 12, 50   (2) 12, 50 / 12, 50
3 8, 50, 40
4 (1) 5, 40, 40   (2) 1 / 7, 46, 10
  (3) 4, 30, 50   (4) 10, 48, 25

---

1 1분 50초＋2분 40초＝3분 90초
     ＝4분 30초

2 (1) 7시 10분 30초 $\xrightarrow{\text{2분 후}}$ 7시 12분 30초
     $\xrightarrow{\text{20초 후}}$ 7시 12분 50초
(2) 분은 분끼리, 초는 초끼리 더합니다.

3   8시 20분 35초
   ＋   30분 5초
   ─────────────
      8시 50분 40초

4 (3)   3시간 10분 40초
     ＋ 1시간 20분 10초
   ─────────────
      4시간 30분 50초

(4)   1
        8시   5분 50초
     ＋ 2시간 42분 35초
   ─────────────
      10시   48분 25초

114쪽 1STEP 교과서 개념 잡기

1 (위에서부터) 2, 60 / 20, 1, 40
2 (위에서부터) 80, 9, 30 / 9, 30
3 11, 30, 20
4 (1) 6, 25, 10   (2) 20, 60 / 4, 13, 35
  (3) 9, 25, 15   (4) 1, 6, 15

---

1 3분 20초－1분 40초＝2분 80초－1분 40초
     ＝1분 40초

주의 받아내림을 할 때 1분을 100초로 받아내림하지 않도록 주의합니다.

2 1시간을 60분으로 받아내림합니다.
10시 20분−50분＝9시 80분−50분
＝9시 30분

3
```
    11시 45분 50초
 −      15분 30초
 ───────────────
    11시 30분 20초
```

4 (3)
```
    12시간 55분 40초
 −   3시간 30분 25초
 ──────────────────
     9시간 25분 15초
```

(4)
```
         14    60
    1시  15분 10초
 −       8분 55초
 ────────────────
    1시   6분 15초
```

116쪽 **2STEP 수학익힘 문제 잡기**

01 1초
02 (1) 초 (2) 시간 (3) 분
03 7시 45분 50초
04 (1) 140 (2) 315 (3) 6, 40 (4) 9, 10
05 미나
06
```
(1) •        •
       ✕
(2) •        •
             •
```
07 희정
08 (○)(　)(　)
09 80 / 5, 20
10 11시 50분 35초
11 43분 9초
12 11, 10
13 의사 체험, 가수 체험
14
```
     7시 10분
 +      4분 15초
 ──────────────
     7시 14분 15초
```
15 8시 40분 50초

---

16 ㉠
17 1, 15, 20
18 5시 30분
19 1, 20
20 1시간 10분
21 7시 11분 40초
22 1시간 45분 20초
23 (1) 유진 (2) 세은 (3) 18초

---

02 각각의 시간이 초, 분, 시간 중에서 어떤 단위로 나타내기에 알맞은 시간인지 생각해 봅니다.

03 • 짧은바늘: 7과 8 사이 ➜ 7시
• 긴바늘: 9를 지남 ➜ 45분
• 초바늘: 10 ➜ 50초
주의 50초일 때 긴바늘이 가리키는 눈금이 46분에 가깝지만 눈금을 지나기 전이므로 7시 45분 50초로 읽어야 합니다.

04 (1) 2분 20초＝120초＋20초＝140초
(2) 5분 15초＝300초＋15초＝315초
(3) 400초＝360초＋40초＝6분 40초
(4) 550초＝540초＋10초＝9분 10초

05 횡단보도를 건너는 데에는 약 30초가 걸립니다.

06 (1) 1분 40초＝60초＋40초＝100초
(2) 350초＝300초＋50초＝5분 50초

07 희정: 144초＝120초＋24초＝2분 24초
2분 24초(희정)＜2분 37초(선우)＜3분 5초(지선)
이므로 가장 빨리 달린 사람은 희정입니다.

08 4분 20초＝240초＋20초＝260초
➜ 4분 20초＞240초＞190초

09 분끼리 더한 값: 50분＋30분＝80분
➜ 4시 50분＋30분＝4시 80분
＝4시＋1시간 20분＝5시 20분

10
```
      7시   40분 15초
 +  4시간 10분 20초
 ───────────────────
     11시   50분 35초
```

11 14분 39초＋28분 30초＝42분 69초＝43분 9초

12
$$
\begin{array}{r}
{}^{1}\\
9\,\text{시}\quad 50\,\text{분}\\
+\ 1\,\text{시간}\ 20\,\text{분}\\
\hline
11\,\text{시}\quad 10\,\text{분}
\end{array}
$$

13 2가지 체험씩 짝 지어 덧셈을 하면 합이 1시간이 넘지 않는 체험 활동 2가지는 의사 체험, 가수 체험입니다.

(의사 체험)＋(가수 체험)＝26분＋28분 30초
＝54분 30초

> 참고 (의사 체험)＋(요리사 체험)＝26분＋35분
> ＝61분＝1시간 1분
> (요리사 체험)＋(가수 체험)＝35분＋28분 30초＝63분 30초
> ＝1시간 3분 30초

14 시간을 계산할 때에는 같은 단위에 있는 수끼리 자리를 맞추어 계산해야 합니다.

15 7시 25분 20초＋1시간 15분 30초＝8시 40분 50초

16 ㉠ 2시간 15분 30초＋3시간 30분 10초
＝5시간 45분 40초
㉡ 2시간 35분 40초＋3시간 20분 30초
＝5시간 55분 70초＝5시간 56분 10초
5시간 45분 40초＜5시간 56분 10초이므로 더 짧은 것은 ㉠입니다.

17
$$
\begin{array}{r}
10\,\text{시}\quad 35\,\text{분}\ 25\,\text{초}\\
-\ 9\,\text{시}\quad 20\,\text{분}\ \ 5\,\text{초}\\
\hline
1\,\text{시간}\ 15\,\text{분}\ 20\,\text{초}
\end{array}
$$

18
$$
\begin{array}{r}
{}^{7}\qquad\quad {}^{60}\\
\cancel{8}\,\text{시}\quad 10\,\text{분}\\
-\ 2\,\text{시간}\ 40\,\text{분}\\
\hline
5\,\text{시}\quad 30\,\text{분}
\end{array}
$$

19
$$
\begin{array}{r}
{}^{1}\qquad\quad {}^{60}\\
\cancel{2}\,\text{시간}\ 10\,\text{분}\\
-\qquad\quad 50\,\text{분}\\
\hline
1\,\text{시간}\ 20\,\text{분}
\end{array}
$$

20 4시 40분－3시 30분＝1시간 10분

21 7시 41분 55초－30분 15초＝7시 11분 40초

22
$$
\begin{array}{r}
{}^{3}\qquad\quad {}^{60}\\
\cancel{4}\,\text{시}\quad 15\,\text{분}\ 40\,\text{초}\ \rightarrow \text{영화가 끝난 시각}\\
-\ 2\,\text{시}\quad 30\,\text{분}\ 20\,\text{초}\ \rightarrow \text{영화가 시작한 시각}\\
\hline
1\,\text{시간}\ 45\,\text{분}\ 20\,\text{초}
\end{array}
$$

23 3분 52초＜4분 3초＜4분 10초
(1) 가장 빠르게 문제를 푼 학생: 유진
(2) 가장 느리게 문제를 푼 학생: 세은
(3) 4분 10초－3분 52초＝18초

120쪽 3STEP 서술형 문제 잡기

※서술형 문제의 예시 답안입니다.

1 (1단계) 1530 (2단계) 1040, 1530, 은행
답 은행

2 (1단계) 1 km 70 m＝1070 m입니다. ▶2점
(2단계) 1240 m＞1070 m이므로 공원과 병원 중 학교에서 더 가까운 곳은 병원입니다. ▶3점
답 병원

3 (1단계) 3, 30 (2단계) 2, 50, 3, 30, 서준
답 서준

4 (1단계) 3분 5초＝185초입니다. ▶2점
(2단계) 185초＜280초＜312초이므로 가장 긴 곡을 부른 사람은 현주입니다. ▶3점
답 현주

5 (1단계) 9, 10 (2단계) 9, 10, 5, 20
답 5시 20분

6 (1단계) 시계가 나타내는 시각은 5시 20분입니다.
▶2점
(2단계) 따라서 2시간 30분 전의 시각은
5시 20분－2시간 30분＝2시 50분입니다.
▶3점
답 2시 50분

7 (1단계) 7, 653 (2단계) 7653
답 7653 m

8 예 (1단계) 4, 819 (2단계) 4819
답 4819 m

8 채점 가이드 1, 4, 9, 8을 □ km □□□ m의 □ 안에 하나씩 놓아서 원하는 길이를 만들고, ■ km ▲●♥ m＝■▲●♥ m가 되도록 바꾸었으면 정답입니다.

122쪽 5단원 마무리

01 10

02 3 km 800 m / 3 킬로미터 800 미터

03 ( )
(○)
(○)

04 320

05 8시 25분 15초

06 4, 40, 50

07 5, 15

08 15 cm 4 mm

09 예 약 1 km

10 ③, ⑤

11 1, 45

12 주경

13 4, 55

14 미선

15 소방서

16 ⓛ, ㉠, ㉢, ㉣

17 8시 10분

18 2시간 30분 20초

서술형 ※서술형 문제의 예시 답안입니다.

19 ❶ 같은 단위로 바꾸기 ▶ 2점
❷ 더 가까운 곳 찾기 ▶ 3점

❶ 1 km 320 m=1320 m입니다.
❷ 1200 m<1320 m이므로 약국과 편의점 중
집에서 더 가까운 곳은 약국입니다.
답 약국

20 ❶ 시계가 나타내는 시각 읽기 ▶ 2점
❷ 7시간 40분 전의 시각 구하기 ▶ 3점

❶ 시계가 나타내는 시각은 10시 30분입니다.
❷ 따라서 7시간 40분 전의 시각은
10시 30분−7시간 40분=2시 50분입니다.
답 2시 50분

01 1 cm를 10칸으로 똑같이 나누었을 때 작은 눈금 한
칸의 길이를 1 mm라고 합니다.
➜ 1 cm=10 mm

02 3 km보다 800 m 더 긴 길이는 3 km 800 m라 쓰
고, 3 킬로미터 800 미터라고 읽습니다.

04 5분 20초=300초+20초=320초

05 • 짧은바늘: 8과 9 사이 ➜ 8시
• 긴바늘: 5를 지남 ➜ 25분
• 초바늘: 3 ➜ 15초

06 (종이접기를 끝낸 시각)
=(종이접기를 시작한 시각)+(종이접기를 한 시간)
=4시 30분 10초+10분 40초
=4시 40분 50초

08 154 mm=150 mm+4 mm
=15 cm 4 mm

09 마트에서 식물원까지의 거리는 집에서 마트까지의 거
리의 반 정도이므로 약 1 km로 어림할 수 있습니다.

10 ③ 5280 m=5 km 280 m
⑤ 4 km 50 m=4050 m
➜ 단위 사이의 관계를 잘못 나타낸 것은 ③, ⑤입니다.

11
$$\begin{array}{r} 1 \quad\quad 60 \\ 2\!\!\!/\text{시간 } 25분 \\ -\quad\quad\quad 40분 \\ \hline 1\text{시간 } 45분 \end{array}$$

12 버스의 길이는 m로 나타내는 것이 알맞습니다.
따라서 단위를 바르게 말한 사람은 주경입니다.

13 5시 15분 $\xrightarrow{15분 전}$ 5시 $\xrightarrow{5분 전}$ 4시 55분

14 미선: 2분 29초=120초+29초=149초
➜ 149초<150초<162초이므로 기록이 가장 빠른
사람은 미선입니다.

15 집에서 학원까지의 거리는 약 500 m이고,
약 1 km 500 m는 약 500 m의 3배입니다.
➜ 집에서 학원까지 거리의 3배만큼 떨어진 곳에는
소방서가 있습니다.

16 54 mm=5 cm 4 mm
➜ 6 cm>5 cm 6 mm>5 cm 4 mm
>5 cm 2 mm이므로 길이가 긴 것부터 차례로
기호를 쓰면 ⓛ, ㉠, ㉢, ㉣입니다.

17
$$\begin{array}{r} 1 \quad\quad\quad \\ 6\text{시} \quad 30분 \\ +\,1\text{시간 } 40분 \\ \hline 8\text{시} \quad 10분 \end{array}$$

18 • 시작한 시각: 7시 50분 10초
• 끝난 시각: 10시 20분 30초
$$\begin{array}{r} 9 \quad\quad 60 \quad\quad \\ 1\!\!\!/0\text{시} \quad 20분 \; 30초 \\ -\;\; 7\text{시} \quad 50분 \; 10초 \\ \hline 2\text{시간 } 30분 \; 20초 \end{array}$$

6 분수와 소수

1 모양, 크기 / (1) 둘 (2) 넷
2 (   )(○)(   )
3 (○)(   )(   )(○)
4 (1) (2)

5 다
6 연서

---

2 맨 왼쪽 도형은 똑같이 넷으로 나누어져 있고, 맨 오른쪽 도형은 똑같이 둘로 나누어져 있습니다.

5 다는 모양과 크기가 다른 조각이 있으므로 똑같이 나누어지지 않았습니다.

6 도율이는 똑같이 나누지 않았고, 리아는 똑같이 셋으로 나누었습니다.
따라서 바르게 말한 사람은 연서입니다.

1 3, 1 / $\frac{1}{3}$, 3, 1
2 5, 2
3 (1) 8, 5 (2) 예

4 예

5 (1) 5 (2) 2
6 예
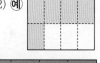

---

3 ▲/■ → 전체를 똑같이 ■로 나눈 것 중의 ▲

4 $\frac{7}{10}$과 $\frac{3}{10}$은 각각 전체를 똑같이 10으로 나눈 것 중의 7과 3입니다. 따라서 10칸 중 7칸은 빨간색, 3칸은 파란색으로 색칠합니다.

5 (1) 남은 부분은 전체를 똑같이 6으로 나눈 것 중의 5이므로 $\frac{5}{6}$입니다.
 (2) 남은 부분은 전체를 똑같이 4로 나눈 것 중의 2이므로 $\frac{2}{4}$입니다.

6 부분이 전체의 $\frac{1}{4}$이므로 전체는 똑같은 부분이 4개 모인 모양이 되도록 그립니다.

01 (   )(○)(   )
02 나, 라
03 다, 마
04 (1) (2) 예

05 ㉡
06 $\frac{1}{3}$
07 (1) 예 (2) 예
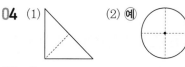

08 다   **09** $\frac{5}{8}$, 8분의 5
10 $\frac{3}{8}$ **11** (1) (2) (3)

12 예
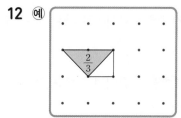

01 도형을 똑같이 나누면 나누어진 조각의 모양과 크기가 같고, 서로 겹쳤을 때 완전히 겹쳐집니다.

02 모양과 크기가 같게 두 조각으로 나누어진 도형은 나, 라입니다.

참고 가, 바는 둘로 나누었지만 똑같이 나누어지지 않았습니다.

03 모양과 크기가 같게 세 조각으로 나누어진 도형은 다, 마입니다.

04 조각의 모양과 크기가 같도록 똑같이 나눕니다.

05 ㉠ 똑같이 여섯으로 나누었을 때의 조각
ㄴ 똑같이 셋으로 나누었을 때의 조각(○)
ㄷ 똑같이 둘로 나누었을 때의 조각

06 빨간색 부분은 전체를 똑같이 3으로 나눈 것 중의 1입니다. → $\frac{1}{3}$

07 (1) 전체를 똑같이 3으로 나눈 것 중의 2만큼 색칠합니다.
(2) 전체를 똑같이 5로 나눈 것 중의 4만큼 색칠합니다.

08 • 가: 색칠한 부분은 전체를 똑같이 4로 나눈 것 중의 2입니다.
• 나: 색칠한 부분은 전체를 똑같이 5로 나눈 것 중의 3입니다.
• 다: 색칠한 부분은 전체를 똑같이 5로 나눈 것 중의 2입니다. (○)

09 전체를 똑같이 8로 나눈 것 중의 5 → $\frac{5}{8}$(8분의 5)

10 색칠한 부분은 전체를 똑같이 8로 나눈 것 중의 5이므로 $\frac{5}{8}$이고, 색칠하지 않은 부분은 전체를 똑같이 8로 나눈 것 중의 3이므로 $\frac{3}{8}$입니다.

11 (1) 색칠한 부분은 전체를 똑같이 3으로 나눈 것 중의 2입니다. → $\frac{2}{3}$
(2) 색칠한 부분은 전체를 똑같이 8로 나눈 것 중의 3입니다. → $\frac{3}{8}$
(3) 색칠한 부분은 전체를 똑같이 4로 나눈 것 중의 2입니다. → $\frac{2}{4}$

12 $\frac{2}{3}$인 부분을 똑같이 둘로 나누었을 때의 한 조각만큼이 더 생기도록 그립니다.

134쪽 1STEP 교과서 개념 잡기

1 '작을수록'에 ○표 / <, >

2 $\frac{1}{5}$, $\frac{1}{11}$, $\frac{1}{9}$에 ○표

3 (1) 예 $\frac{1}{3}$
$\frac{1}{2}$
(2) '작습니다'에 ○표

4 $\frac{1}{4}$ 0 ├─┼─┼─┼─┤ 1
$\frac{1}{7}$ 0 ├┼┼┼┼┼┤ 1
/ '큽니다'에 ○표

5 (1) <   (2) >   (3) >   (4) >

---

1 색칠한 부분의 크기를 비교하면 $\frac{1}{2}$이 $\frac{1}{5}$보다 더 큽니다.

2 분자가 1인 분수를 모두 찾으면 $\frac{1}{5}$, $\frac{1}{11}$, $\frac{1}{9}$입니다.

3 (2) 색칠한 부분의 크기를 비교하면 $\frac{1}{3}$이 $\frac{1}{2}$보다 더 작습니다.

4 색칠한 부분의 크기를 비교하면 $\frac{1}{4}$이 $\frac{1}{7}$보다 더 큽니다.

5 단위분수는 분모가 클수록 더 작습니다.
(1) 6>3 → $\frac{1}{6}$<$\frac{1}{3}$
(2) 2<7 → $\frac{1}{2}$>$\frac{1}{7}$
(3) 4<9 → $\frac{1}{4}$>$\frac{1}{9}$
(4) 8<10 → $\frac{1}{8}$>$\frac{1}{10}$

1 2, 3 / <, <

2 '큽니다'에 ○표

3 (1) 예 $\frac{5}{8}$

$\frac{3}{8}$

(2) '큽니다'에 ○표

4 예 $\frac{4}{6}$ $\frac{5}{6}$

(1) 4, 5   (2) <

5 (1) <   (2) >   (3) >   (4) <

---

1 $\frac{1}{4}$이 몇 개인지 세어 크기를 비교합니다.

2 $\frac{5}{7}$는 $\frac{1}{7}$이 5개, $\frac{4}{7}$는 $\frac{1}{7}$이 4개입니다.

→ $\frac{5}{7} > \frac{4}{7}$

3 (1) • $\frac{5}{8}$: 전체를 똑같이 8로 나눈 것 중의 5

• $\frac{3}{8}$: 전체를 똑같이 8로 나눈 것 중의 3

(2) 색칠한 부분의 크기를 비교하면 $\frac{5}{8}$는 $\frac{3}{8}$보다 더 큽니다.

4 (1) • $\frac{4}{6}$는 $\frac{1}{6}$이 4개입니다.

• $\frac{5}{6}$는 $\frac{1}{6}$이 5개입니다.

(2) $\frac{1}{6}$의 개수를 비교하면 4<5이므로

$\frac{4}{6} < \frac{5}{6}$입니다.

5 분모가 같은 분수는 분자가 클수록 더 큽니다.

(1) 2<3 → $\frac{2}{5} < \frac{3}{5}$

(2) 6>5 → $\frac{6}{9} > \frac{5}{9}$

(3) 8>6 → $\frac{8}{10} > \frac{6}{10}$

(4) 7<11 → $\frac{7}{12} < \frac{11}{12}$

---

01 2개

02 $\frac{1}{8}$ / <

$\frac{1}{6}$

03 예 $\frac{1}{4} > \frac{1}{5}$

04 $\frac{1}{3}$에 ○표

05

06 미나

07 예 $\frac{3}{5} > \frac{1}{5}$

08 (   )(○)

09 (1) $\frac{5}{8}$, $\frac{7}{8}$ (2) 연서

10 $\frac{2}{15}$, $\frac{6}{15}$, $\frac{8}{15}$

11 >

12 준호

13 $\frac{4}{11}$

---

01 단위분수는 $\frac{1}{2}$, $\frac{1}{17}$로 모두 2개입니다.

02 • $\frac{1}{8}$: 0부터 1까지 똑같이 8로 나눈 것 중의 1입니다.

• $\frac{1}{6}$: 0부터 1까지 똑같이 6으로 나눈 것 중의 1입니다.

→ $\frac{1}{8} < \frac{1}{6}$

03 색칠한 부분의 크기를 비교하면 $\frac{1}{4}$이 $\frac{1}{5}$보다 더 큽니다. → $\frac{1}{4} > \frac{1}{5}$

04 분모의 크기를 비교하면 3<9<11이므로

$\frac{1}{3} > \frac{1}{9} > \frac{1}{11}$ 입니다.

→ 가장 큰 분수: $\frac{1}{3}$

05 $\frac{1}{5}$ 보다 큰 단위분수는 분모가 5보다 작습니다.

→ $\frac{1}{5}$ 보다 큰 분수는 $\frac{1}{2}$, $\frac{1}{4}$ 입니다.

06 $\frac{1}{5}$ 과 $\frac{1}{7}$ 의 크기를 비교하면 $\frac{1}{5} > \frac{1}{7}$ 입니다.

→ 도화지를 더 많이 사용한 사람은 미나입니다.

07 색칠한 부분의 크기를 비교하면 $\frac{3}{5}$ 은 $\frac{1}{5}$ 보다 더 큽니다. → $\frac{3}{5} > \frac{1}{5}$

08 $\frac{3}{6}$ 과 $\frac{2}{6}$ 에서 분자의 크기를 비교하면 3>2이므로 $\frac{3}{6} > \frac{2}{6}$ 입니다.

09 (1) $\frac{1}{8}$ 이 5개인 수: $\frac{5}{8}$

$\frac{1}{8}$ 이 7개인 수: $\frac{7}{8}$

(2) 분모가 같으므로 분자의 크기를 비교합니다.

$\frac{5}{8} < \frac{7}{8}$ 이므로 더 큰 수를 말한 사람은 연서입니다.

10 분모가 같은 분수는 분자가 작을수록 더 작은 수이므로 $\frac{2}{15} < \frac{6}{15} < \frac{8}{15}$ 입니다.

11 $\frac{1}{9}$ 이 7개인 수는 $\frac{7}{9}$ 입니다. → $\frac{7}{9} > \frac{5}{9}$

12 분모가 같으므로 분자의 크기를 비교합니다.

6>3 → $\frac{6}{7} > \frac{3}{7}$

따라서 우유를 더 많이 마신 사람은 준호입니다.

13 분모가 11이면서 $\frac{3}{11}$ 보다 크고 $\frac{6}{11}$ 보다 작아야 하므로 분자는 3보다 크고 6보다 작습니다.

4, 5 중에서 짝수는 4이므로 조건을 만족하는 분수는 $\frac{4}{11}$ 입니다.

140쪽 1STEP 교과서 개념 잡기

1 (위에서부터) 1, 2, 3, 9 / 일, 이, 삼, 구
2 5.8
3 (1) $\frac{4}{10}$ (2) 0.4, 영 점 사
4 1.9 / 일 점 구
5 (1), (2) 수직선
6 (1) 6 (2) 0.8 (3) 42 (4) 2.7

3 (1) 색칠한 부분의 길이는 1 cm를 똑같이 10으로 나눈 것 중의 4이므로 $\frac{4}{10}$ cm입니다.

(2) $\frac{4}{10}$ cm는 소수로 0.4 cm라 쓰고 영 점 사 센티미터라고 읽습니다.

4 색칠한 부분은 1과 0.9만큼입니다.
→ 쓰기: 1.9, 읽기: 일 점 구

5 (1) 1.8은 0.1이 18개이므로 1과 0.8만큼 수직선에 나타냅니다.
(2) 2.2는 0.1이 22개이므로 2와 0.2만큼을 수직선에 나타냅니다.

6 (1) 0.■는 0.1이 ■개입니다.
(3) ■.▲는 0.1이 ■▲개입니다.

142쪽 1STEP 교과서 개념 잡기

1 6, 9 / <
2 5, 17 / <
3 (1) 예 0.5, 0.9
(2) '작습니다'에 ◯표
4 <
5 46, 49 / <
6 (1) < (2) > (3) < (4) <

3 ⑵ 색칠한 부분의 크기를 비교하면 0.5는 0.9보다 더 작습니다.

4 수직선에서 3.7이 3.3보다 오른쪽에 있으므로 3.7 이 3.3보다 큽니다. → 3.3<3.7

5 4.6은 0.1이 46개이고, 4.9는 0.1이 49개입니다.
→ 0.1의 개수를 비교하면 46<49이므로 4.6<4.9 입니다.

6 ⑴ 0.6<0.7
   6<7

⑵ 5.4>5.2
   4>2

⑶ 0.2<1.2
   0<1

⑷ 4.8<6.1
   4<6

144쪽 2STEP 수학익힘 문제 잡기

01 (위에서부터) $\frac{2}{10}$, $\frac{7}{10}$ / 0.4, 0.6, 0.9

02 ⑩

03 0.8, 4.8

04 1.6, 일 점 육

05 $\frac{5}{10}$, 0.5

06 4.9, 사 점 구

07 ⑴ ⑵ ⑶ (선 잇기)

08 2.2컵

09 진호

10 0.4 m, 0.6 m

11 7.4 cm

12 0.7

13 17, 14, 1.7

14 <

15 현우

16 학교

17 ⑴ 6.7, 6.4 ⑵ 미나

18 5.4에 ○표

19 ⑴ < ⑵ =

20 2, 1, 3

21 ( )(○)

22 2개

23 윤석

24 하마

01 수직선에서 작은 눈금 한 칸은 $\frac{1}{10}$=0.1입니다.

→ $0.2=\frac{2}{10}$, $\frac{4}{10}=0.4$, $\frac{6}{10}=0.6$,

$0.7=\frac{7}{10}$, $\frac{9}{10}=0.9$

02 0.3은 0.1이 3개입니다.
→ 전체 10칸 중에서 3칸을 색칠합니다.

03 1 mm=0.1 cm → 8 mm=0.8 cm
머리핀의 길이: 4 cm 8 mm=4.8 cm

04 색칠한 부분은 1과 0.6만큼입니다.
→ 쓰기: 1.6, 읽기: 일 점 육

05 색칠한 부분은 전체를 똑같이 10으로 나눈 것 중의 5입니다.
→ $\frac{5}{10}=0.5$

06 • 쓰기: 0.1이 49개이면 4.9입니다.
• 읽기: 4.9 → 사 점 구

07 ⑴ $\frac{3}{10}=0.3$ → 읽기: 영 점 삼

⑵ $\frac{1}{10}=0.1$ → 읽기: 영 점 일

⑶ $\frac{7}{10}=0.7$ → 읽기: 영 점 칠

08 오렌지주스는 2컵과 0.2컵만큼이므로 2.2컵입니다.

09 색칠한 부분은 전체를 똑같이 10으로 나눈 것 중의 3이므로 $\frac{3}{10}$=0.3입니다.
→ 진호: 소수로 나타내면 0.3이라 쓰고 영 점 삼이 라고 읽습니다.

개념책

6 단원

10 1 m를 똑같이 10으로 나눈 것 중의 1은 0.1 m입니다.
- 민서: 0.1이 4개 → 0.4 m
- 효주: 0.1이 6개 → 0.6 m

11 오늘 버섯의 길이는 7 cm 4 mm입니다.
→ 7 cm 4 mm=7.4 cm

12 전체를 똑같이 10으로 나눈 것 중의 7
→ $\frac{7}{10}$=0.7

13 1.7은 0.1이 17개, 1.4는 0.1이 14개입니다.
→ 0.1의 개수를 비교하면 17>14이므로 1.7>1.4
입니다.

15 소수의 크기를 비교하면 0.7<3.3<4.2이므로 가장
작은 소수를 말한 사람은 현우입니다.

16 1.8과 2.4의 크기를 비교하면 1.8<2.4입니다.
→ 찬혁이네 집에서 더 가까운 곳은 학교입니다.

17 (1) • 미나: 6과 0.7만큼인 수 → 6.7
• 준호: 0.1이 64개인 수 → 6.4
(2) 6.7>6.4이므로 더 큰 수를 말한 사람은 미나입
니다.

18 3.2>2.8, 3.2>1.9, 3.2<5.4이므로 3.2보다 큰
수는 5.4입니다.

19 (1) 0.1이 9개인 수: 0.9 → 0.8<0.9
(2) 0.1이 45개인 수: 4.5 → 4.5=4.5

20 • 팔 점 삼: 8.3
• 8과 0.6만큼인 수: 8.6
• 0.1이 81개인 수: 8.1
→ 8.6>8.3>8.1

21 1을 1.0으로 생각하면 0.6과 1.0은 소수점 왼쪽의
수가 0<1이므로 0.6<1입니다.
다른 풀이 0.6은 0.1이 6개이고, 1은 0.1이 10개입니다.
→ 0.1의 개수를 비교하면 6<10이므로 0.6<1입
니다.

22 1.9<4.2<4.8<4.9<5.4
4.8보다 작은 수는 1.9와 4.2로 모두 2개입니다.

23 75 mm=7.5 cm이므로 7.5<8.3입니다. 따라서
길이가 더 긴 수수깡을 가지고 있는 사람은 윤석입니다.

24 $\frac{7}{10}$=0.7이므로 0.3보다 크고 0.7보다 작은 소수
를 가지고 있는 동물은 0.5를 가지고 있는 하마입니다.

148쪽 3STEP 서술형 문제 잡기

※서술형 문제의 예시 답안입니다.

1 (1단계) 4, 1   (2단계) $\frac{1}{4}$
(답) $\frac{1}{4}$

2 (1단계) 먹은 부분은 전체를 똑같이 8로 나눈 것
중의 3입니다. ▶3점
(2단계) 따라서 먹은 부분을 분수로 나타내면 $\frac{3}{8}$입
니다. ▶2점
(답) $\frac{3}{8}$

3 (1단계) 3   (2단계) 0.3
(답) 0.3

4 (1단계) 튤립을 심은 부분은 전체를 똑같이 10칸
으로 나눈 것 중의 4칸입니다. ▶3점
(2단계) 따라서 튤립을 심은 부분을 소수로 나타내
면 0.4입니다. ▶2점
(답) 0.4

5 (1단계) 3, 1, 2   (2단계) 2
(답) 2개

6 (1단계) $\frac{5}{9}$보다 작은 분수가 되려면 분자가 5보다
작아야 하므로 1, 2, 3, 4입니다. ▶3점
(2단계) 따라서 ■에 알맞은 수는 모두 4개입니
다. ▶2점
(답) 4개

7 (1단계) 0.1, 0.8   (2단계) 0.8, 13.8
(답) 13.8 cm

8 (예) 14, 4 (1단계) 0.1, 4, 0.4
(2단계) 14, 0.4, 14.4
(답) 14.4 cm

8 **채점 가이드** 연필의 길이를 재어 ■ cm ▲ mm로 나타내고, 이를
■.▲ cm로 바꾸어 나타냈으면 정답입니다.

01 (   )(○)(   ) **02** 8, 3 / $\frac{3}{8}$, 8분의 3

03 0.5 **04** $\frac{1}{6}$, $\frac{1}{13}$에 ○표

05 2.7, 이 점 칠 **06** 예

07 예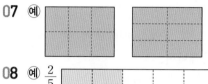

08 예 $\frac{2}{5}$ 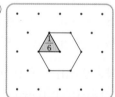 / <

$\frac{3}{5}$

09 $\frac{8}{10}$, 0.8 **10** $\frac{3}{4}$, $\frac{1}{4}$

11 <

12 $\frac{1}{3}$, $\frac{1}{4}$에 ○표 **13** 다

14 2, 1, 3 **15** 9.2 cm

16 예

（육각형 그림: 내부에 $\frac{1}{6}$ 표시）

17 수정 **18** ㉢

19 ❶ 남은 부분은 전체의 얼마인지 알아보기 ▶ 3점
　　❷ 남은 부분을 분수로 나타내기 ▶ 2점

❶ 남은 부분은 전체를 똑같이 8로 나눈 것 중의 3입니다.
❷ 남은 부분을 분수로 나타내면 $\frac{3}{8}$입니다.
답 $\frac{3}{8}$

20 ❶ 감자를 심은 부분은 몇 칸인지 구하기 ▶ 3점
　　❷ 감자를 심은 부분을 소수로 나타내기 ▶ 2점

❶ 감자를 심은 부분은 전체를 똑같이 10칸으로 나눈 것 중의 2칸입니다.
❷ 따라서 감자를 심은 부분을 소수로 나타내면 0.2입니다.
답 0.2

04 단위분수는 분자가 1인 분수입니다.
→ 단위분수: $\frac{1}{6}$, $\frac{1}{13}$

05 색칠한 부분은 2와 0.7만큼입니다.
→ 쓰기: 2.7, 읽기: 이 점 칠

06 전체를 똑같이 4로 나눈 것 중의 3만큼 색칠합니다.

07 나누어진 조각의 모양과 크기가 같게 똑같이 여섯으로 나눕니다.

08 색칠한 부분의 크기를 비교하면 $\frac{2}{5}$는 $\frac{3}{5}$보다 더 작습니다.
→ $\frac{2}{5} < \frac{3}{5}$

09 색칠한 부분은 전체를 똑같이 10으로 나눈 것 중의 8입니다.
→ $\frac{8}{10} = 0.8$

10 • 색칠한 부분: 전체를 똑같이 4로 나눈 것 중의 3
→ $\frac{3}{4}$
• 색칠하지 않은 부분: 전체를 똑같이 4로 나눈 것 중의 1 → $\frac{1}{4}$

11 2.7 < 2.8
　　 7 < 8

13 • 가: $\frac{3}{4}$ • 나: $\frac{3}{8}$ • 다: $\frac{3}{5}$

14 소수점 왼쪽의 수를 먼저 비교하고, 소수점 왼쪽의 수가 같으면 소수점 오른쪽의 수를 비교합니다.
→ 3.5 < 3.8 < 4.1

15 노란색 털실의 길이는 9 cm 2 mm입니다.
→ 9 cm 2 mm = 9.2 cm

16 부분이 전체의 $\frac{1}{6}$이므로 전체는 똑같은 부분이 6개 모인 모양이 되도록 그립니다.

17 $\frac{7}{16}$과 $\frac{5}{16}$의 크기를 비교하면 $\frac{7}{16} > \frac{5}{16}$입니다.
→ 한 걸음의 길이가 더 긴 사람은 수정입니다.

18 ㉠ 육 점 오: 6.5 ㉡ 6과 0.2만큼인 수: 6.2
㉢ 0.1이 68개인 수: 6.8
→ 6.8 > 6.5 > 6.2이므로 가장 큰 수는 ㉢입니다.

154쪽 1~6단원 총정리

01 678
02 각 ㄱㄴㄷ(또는 각 ㄷㄴㄱ) /
   점 ㄴ / 변 ㄴㄱ, 변 ㄴㄷ
03 3, 30
04 16, 3
05 4, 700
06 6, 6
07 $\frac{3}{8}$, 8분의 3
08 가, 라, 바
09 8 / 40, 8
10 (1) (2)
11 (예)

12 10, 10
13 36÷9=4 / 4마리
14 >
15 64, 76
16
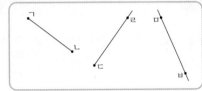
17 278+156=434 / 434명
18 ( )
   (○)
   ( )
19 ㉠, ㉡, ㉢
20 2.9 cm
21 승주
22 672, 458
23 2시간 24분 55초
24 224개
25 2개

02 • 각의 꼭짓점은 점 ㄴ이므로 각을 읽을 때에는 각의
   꼭짓점이 가운데에 오도록 읽습니다.
   • 각의 변: 반직선 ㄴㄱ, 반직선 ㄴㄷ
   → 변 ㄴㄱ, 변 ㄴㄷ

04 163 mm=160 mm+3 mm=16 cm 3 mm

07 색칠한 부분: 전체를 똑같이 8로 나눈 것 중의 3
   → 쓰기: $\frac{3}{8}$, 읽기: 8분의 3

08 네 각이 모두 직각인 사각형: 가, 라, 바

09 8×5=40   8×5=40
   40÷8=5   40÷5=8

12 정사각형은 네 변의 길이가 모두 같습니다.
   → 한 변의 길이가 10 cm이므로 □=10입니다.

13 36÷9에서 나누는 수가 9이므로 9단 곱셈구구를 이
   용하면 9×④=36 → 36÷9=④
   따라서 어항 한 개에 금붕어를 4마리씩 담아야 합니다.

14 746+128=874, 629+236=865
   → 874>865

16 • 선분 ㄱㄴ: 점 ㄱ과 점 ㄴ을 곧게 선으로 잇습니다.
   • 반직선 ㄷㄹ: 점 ㄷ에서 시작하여 점 ㄹ을 지나는
     곧은 선을 긋습니다.
   • 직선 ㅁㅂ: 점 ㅁ과 점 ㅂ을 지나는 곧은 선을 긋습
     니다.

17 (야구장에 입장한 여자 수)=278+156=434(명)

18 $\frac{1}{15}$의 개수가 많을수록 더 큰 분수이므로 가장 큰
   분수는 $\frac{1}{15}$이 10개인 수입니다.

19 ㉠ 48÷6=8   ㉡ 54÷9=6   ㉢ 25÷5=5
   몫의 크기를 비교하면 8>6>5이므로 계산 결과가
   큰 것부터 차례로 기호를 쓰면 ㉠, ㉡, ㉢입니다.

20 어제 오후에 내린 비의 양은 9 mm=0.9 cm입니다.
   → 어제 내린 비의 양은 2 cm와 0.9 cm이므로
     2.9 cm입니다.

21 유리: 2분 30초=120초+30초=150초
   → 160초>156초>150초이므로 가장 오래 매달린
     사람은 승주입니다.

22 두 수를 빼서 일의 자리 수가 4인 것은 672-458입
   니다.

23 • 시작한 시각: 3시 50분 25초
   • 끝난 시각: 6시 15분 20초
   → 6시 15분 20초-3시 50분 25초
     =2시간 24분 55초

24 (한 상자에 들어 있는 탁구공 수)=8×4=32(개)
   따라서 7상자에 들어 있는 탁구공은 모두
   32×7=224(개)입니다.

25 $\frac{9}{10}$=0.9이므로 0.5보다 크고 0.9보다 작은 소수
   를 찾으면 0.6, 0.8로 모두 2개입니다.

1 덧셈과 뺄셈

기초력 더하기

01쪽 1. 받아올림이 없는 (세 자리 수)+(세 자리 수)

1	688	2	979	3	469
4	827	5	767	6	876
7	559	8	797	9	879
10	875	11	899	12	563
13	795	14	687	15	679
16	547	17	989	18	886

02쪽 2. 받아올림이 한 번 있는 (세 자리 수)+(세 자리 수)

1	575	2	893	3	853
4	851	5	970	6	539
7	987	8	718	9	818
10	540	11	891	12	917
13	837	14	683	15	664
16	857	17	744	18	567

03쪽 3. 받아올림이 여러 번 있는 (세 자리 수)+(세 자리 수)

1	661	2	832	3	805
4	1413	5	1233	6	1720
7	1084	8	1241	9	1282
10	821	11	732	12	737
13	702	14	524	15	1133
16	1311	17	1521	18	1005

04쪽 4. 받아내림이 없는 (세 자리 수)−(세 자리 수)

1	442	2	216	3	323
4	352	5	433	6	774
7	312	8	421	9	372
10	427	11	701	12	412
13	133	14	435	15	312
16	172	17	313	18	621

05쪽 5. 받아내림이 한 번 있는 (세 자리 수)−(세 자리 수)

1	207	2	417	3	191
4	693	5	238	6	473
7	525	8	254	9	383
10	219	11	236	12	292
13	336	14	381	15	318
16	543	17	355	18	537

06쪽 6. 받아내림이 두 번 있는 (세 자리 수)−(세 자리 수)

1	246	2	569	3	388
4	379	5	385	6	169
7	277	8	357	9	185
10	163	11	176	12	276
13	258	14	468	15	184
16	279	17	141	18	638

기본 강화책

1 단원

수학익힘 다잡기

07쪽 **1. 받아올림이 없는 세 자리 수의 덧셈을 어떻게 할까요**

1 546
2 (1) 855 (2) 967 (3) 581 (4) 886
3 (1) 697 (2) 968   **4** <
5 203＋194＝397 / 397쪽
6 4, 7, 3

3 (1)　　5 5 3　　(2)　　3 6 5
　　　＋1 4 4　　　　＋6 0 3
　　　　6 9 7　　　　　9 6 8

4 307＋291＝598, 442＋536＝978
　→ 307＋291 ⓒ 442＋536

5 203＋194＝397(쪽)

6 6＋ⓒ＝9 → ⓒ＝3
　ⓐ＋2＝6 → ⓐ＝4
　1＋ⓑ＝8 → ⓑ＝7

08쪽 **2. 받아올림이 한 번 있는 세 자리 수의 덧셈을 어떻게 할까요**

1 472
2 (1) 746 (2) 861 (3) 781 (4) 565
3 694 / 893
4 135＋148＝283 / 283번
5 772
6 (예) 359, 425, 784 / 425, 218, 643

1 백 모형: 4개, 십 모형: 6개, 일 모형: 12개
일 모형 10개는 십 모형 1개로 바꿀 수 있으므로 472입니다.

2 (3)　　1　　　(4)　　1
　　　　6 5 3　　　　2 4 7
　　　＋1 2 8　　　＋3 1 8
　　　　7 8 1　　　　5 6 5

3 (1)　　1　　　(2)　　1
　　　　4 8 7　　　　6 5 5
　　　＋2 0 7　　　＋2 3 8
　　　　6 9 4　　　　8 9 3

4 135＋148＝283(번)

5 100이 3개, 10이 6개, 1이 9개인 수: 369
100이 4개, 1이 3개인 수: 403
→ 369＋403＝772

6 ・359＋106＝465(×) ・359＋425＝784(○)
・359＋218＝577(×) ・106＋425＝531(×)
・106＋218＝324(×) ・425＋218＝643(○)

09쪽 **3. 받아올림이 여러 번 있는 세 자리 수의 덧셈을 어떻게 할까요**

1 422
2 (1) 921 (2) 405 (3) 813 (4) 941
3 327＋479＝806 / 806개
4 ⓑ, ⓒ, ⓐ
5　　1 1
　　　7 4 8
　　＋2 5 9
　　1 0 0 7

6 (예) 어느 인형 공장에서 토끼 인형을 869개 만들었고, 곰 인형을 495개 만들었습니다. 이 인형 공장에서 만든 인형은 모두 몇 개인가요? / 1364개

1 백 모형: 3개, 십 모형: 11개, 일 모형: 12개
일 모형 10개는 십 모형 1개로 바꿀 수 있고, 십 모형 10개는 백 모형 1개로 바꿀 수 있으므로 422입니다.

2 (3)　　1 1　　(4)　　1 1
　　　5 1 9　　　　6 4 3
　　＋2 9 4　　　＋2 9 8
　　　8 1 3　　　　9 4 1

3 327＋479＝806(개)

4 ㉠ 245＋538＝783　　㉡ 689＋249＝938

㉢ 593＋218＝811

➡ 938＞811＞783

5 십의 자리 계산에서 1＋4＋5＝10이므로 백의 자리 계산에 1을 더해야 합니다.

6 〔채점 가이드〕 869＋495를 이용하여 알맞은 문제를 만들고, 답이 1364이면 정답으로 인정합니다.

10쪽 **4. 덧셈의 어림셈을 어떻게 할까요**

1
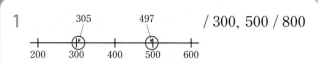
/ 300, 500 / 800

2 400, 400, 800

3 300＋100에 색칠

4 800에 ○표

5 캐러멜, 아이스크림

6 700에 ○표 / 〔예〕 397을 어림하면 약 400이고, 298을 어림하면 약 300입니다. 397＋298을 어림셈으로 구하면 약 400＋300＝700입니다.

1 305는 300에 가까우므로 약 300이고, 497은 500에 가까우므로 약 500입니다.

따라서 305＋497을 어림셈으로 구하면

약 300＋500＝800입니다.

2 401과 398을 어림하면 400에 가까우므로 어제와 오늘 훌라후프를 약 400＋400＝800(번) 했습니다.

3 297은 300에 가까우므로 약 300이고, 101은 100에 가까우므로 약 100입니다. 따라서 약 300＋100으로 어림셈을 할 수 있습니다.

4 602를 어림하면 약 600이고, 199를 어림하면 약 200입니다. 따라서 602＋199를 어림셈으로 구하면 약 600＋200＝800입니다.

5 2가지 간식 가격의 합이 1000원을 넘지 않아야 하므로 약 300원인 캐러멜과 약 700원인 아이스크림을 살 수 있습니다.

11쪽 **5. 받아내림이 없는 세 자리 수의 뺄셈을 어떻게 할까요**

1 423

2 ⑴ 324　⑵ 153　⑶ 412　⑷ 361

3 361

4 ⑴ 986－352에 색칠　⑵ 379－152에 색칠

5 ⑴ 3, 0　⑵ 3, 1

6 498－257＝241 / 241명

7 143

1 남은 수 모형을 세어 보면 백 모형 4개, 십 모형 2개, 일 모형 3개입니다.

3
```
   7 9 2
 − 4 3 1
   3 6 1
```

4 ⑴ 986－352＝634, 759－354＝405

➡ 634＞405

⑵ 645－424＝221, 379－152＝227

➡ 221＜227

5 ⑴ 십의 자리는 1－1＝□이므로 □＝0

백의 자리는 6－□＝3이므로 □＝3

⑵ 일의 자리는 7－6＝□이므로 □＝1

십의 자리는 5－□＝2이므로 □＝3

6 (남학생의 수)＝(전체 학생 수)－(여학생의 수)

＝498－257＝241(명)

7 리아가 생각한 수에 205를 더하면 348이 되므로 리아가 생각한 수는 348－205＝143입니다.

12쪽 **6. 받아내림이 한 번 있는 세 자리 수의 뺄셈을 어떻게 할까요**

1 434

2 ⑴ 128　⑵ 436　⑶ 219　⑷ 353

3 (위에서부터) 617, 339

4 344－327＝17 / 17 cm

5 586－329＝257 / 257권

6 428

기본 강화책

1 단원

2 (3)
$$
\begin{array}{r}
{\scriptstyle 3\ 10}\\
9\,\cancel{4}\,6\\
-\,7\,2\,7\\
\hline
2\,1\,9
\end{array}
$$
(4)
$$
\begin{array}{r}
{\scriptstyle 5\ 10}\\
5\,\cancel{6}\,1\\
-\,2\,0\,8\\
\hline
3\,5\,3
\end{array}
$$

3
$$
\begin{array}{r}
{\scriptstyle 7\ 10}\\
8\,\cancel{8}\,5\\
-\,2\,6\,8\\
\hline
6\,1\,7
\end{array}
$$
$$
\begin{array}{r}
{\scriptstyle 7\ 10}\\
8\,\cancel{8}\,5\\
-\,5\,4\,6\\
\hline
3\,3\,9
\end{array}
$$

4 두 색 테이프의 길이의 차: $344-327=17\,(\text{cm})$

5 위인전은 과학책보다 $586-329=257$(권) 더 많습니다.

6 $891-464=427$이므로 □ 안에 들어갈 수 있는 세 자리 수 중에서 가장 작은 수는 427보다 1만큼 더 큰 428입니다.

---

7. 받아내림이 두 번 있는 세 자리 수의 뺄셈을 어떻게 할까요

1 278

2 (1) 295 (2) 138 (3) 477 (4) 356

3 140

4 $842-395=447$ / 447개

5 805, 247, 558

6 176

---

2 (3)
$$
\begin{array}{r}
{\scriptstyle 7\ 13\ 10}\\
8\,\cancel{4}\,5\\
-\,3\,6\,8\\
\hline
4\,7\,7
\end{array}
$$
(4)
$$
\begin{array}{r}
{\scriptstyle 4\ 10\ 10}\\
5\,\cancel{1}\,3\\
-\,1\,5\,7\\
\hline
3\,5\,6
\end{array}
$$

3 ● 안의 수는 일의 자리로 받아내림하고 남은 40과 백의 자리에서 받아내림한 100을 합한 수이므로 140을 나타냅니다.

4 (다른 한 상자에 담은 사탕 수)
$=842-395=447$(개)

---

5 차가 가장 큰 식을 만들려면 가장 큰 수와 가장 작은 수를 먼저 찾아야 합니다.
가장 큰 수: 805, 가장 작은 수: 247
차가 가장 큰 식: $805-247=558$

6 찢어진 종이에 적힌 세 자리 수를 □라 하면
$512-168=344$이므로 □$=344$
→ 두 수의 차: $344-168=176$

---

8. 뺄셈의 어림셈을 어떻게 할까요

1 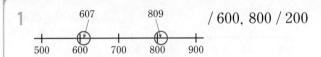 / 600, 800 / 200

2 900, 200, 700

3 $700-300$에 색칠

4 300에 ○표

5 도율

6 600에 ○표 / (예) 811을 어림하면 약 800이고, 184를 어림하면 약 200입니다. $811-184$를 어림셈으로 구하면 약 $800-200=600$입니다.

---

1 607은 600에 가까우므로 약 600이고, 809는 800에 가까우므로 약 800입니다.
따라서 $809-607$을 어림셈으로 구하면 약 $800-600=200$입니다.

2 899를 어림하면 900에 가깝고, 205를 어림하면 200에 가까우므로 행사장에 남아 있는 사람은 약 $900-200=700$(명)입니다.

3 708은 700에 가까우므로 약 700이고, 293은 300에 가까우므로 약 300입니다. 따라서 약 $700-300$으로 어림셈을 할 수 있습니다.

4 904를 어림하면 약 900이고, 589를 어림하면 약 600입니다. $904-589$를 어림셈으로 구하면 약 $900-600=300$입니다.

5 현우: 900보다 큰 수에서 500보다 작은 수를 빼면 계산 결과는 400보다 큽니다.

2 평면도형

15쪽 1. 선의 종류 / 직각 알아보기

1 선분 ㄱㄴ(또는 선분 ㄴㄱ)
2 직선 ㄷㄹ(또는 직선 ㄹㄷ)
3 반직선 ㅁㅂ　　　　4 반직선 ㅇㅅ
5 선분 ㅈㅊ(또는 선분 ㅊㅈ)
6 직선 ㅋㅌ(또는 직선 ㅌㅋ)

16쪽 2. 직각삼각형

1 ×	2 ○	3 ×
4 ○	5 ×	6 ○
7 ×	8 ○	9 ×

10 예

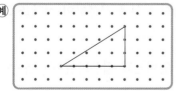

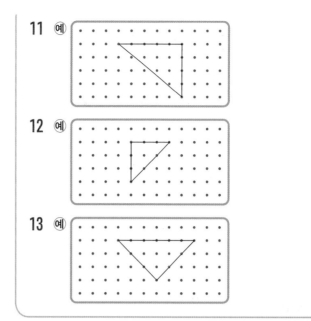

11 예
12 예
13 예

17쪽 3. 직사각형 / 정사각형

1 ×	2 ×	3 ○
4 ○	5 ○	6 ×
7 ×	8 ○	9 ○

10
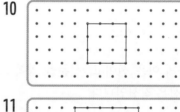

11
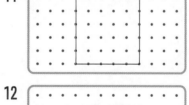

12
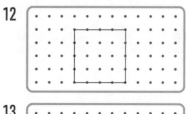

13
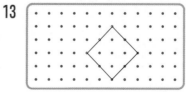

수학익힘 다잡기

1 나, 바 / 가, 라, 마 / 다
2 ( )( )(○)
3 (1) 반직선 ㄷㄹ (2) 반직선 ㄹㄷ
4
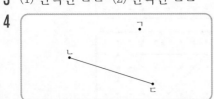
5 영훈
6 예)
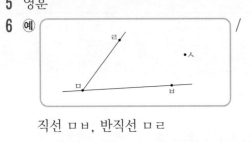

직선 ㅁㅂ, 반직선 ㅁㄹ

1 • 선분: 두 점을 곧게 이은 선
• 직선: 선분을 양쪽으로 끝없이 늘인 곧은 선
• 반직선: 한 점에서 시작하여 한쪽으로 끝없이 늘인 곧은 선

4 점 ㄴ과 점 ㄷ을 곧게 이은 선을 그립니다.

5 선분은 두 점을 곧게 이은 선이고, 선분을 양쪽으로 끝없이 늘인 곧은 선은 직선입니다.

1 각   **2** ( )(○)( )
3 각 ㄱㄴㄷ(또는 각 ㄷㄴㄱ) / 점 ㄴ /
  변 ㄴㄱ, 변 ㄴㄷ
4
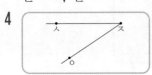

5 (1)

/ 6개 (2)   / 3개

6 예) 각은 반직선 2개로 그려야 하는데 굽은 선으로 그렸습니다.

3 • 각의 꼭짓점은 점 ㄴ이므로 각을 읽을 때에는 점 ㄴ이 가운데에 오도록 읽습니다.
• 각의 변: 반직선 ㄴㄱ, 반직선 ㄴㄷ
  → 변 ㄴㄱ, 변 ㄴㄷ

4 각의 꼭짓점을 점 ㅈ으로 하여 반직선 ㅈㅅ, 반직선 ㅈㅇ을 긋습니다.

5 한 점에서 그은 두 반직선으로 이루어진 도형을 찾습니다.

6 각: 한 점에서 그은 두 반직선으로 이루어진 도형

1 직각   **2** ( )(○)( )
3 (1) 예)   (2) 예)
4 (1)   / 1 (2)   / 3
5 ( )( )(○)
6 각 ㄱㅂㄷ(또는 각 ㄷㅂㄱ)

3 삼각자의 직각 부분을 맞대어 직각의 나머지 한 변을 그립니다.

4 삼각자의 직각인 부분을 사용하여 직각을 모두 찾습니다.

5 9시는 시계의 긴바늘과 짧은바늘이 이루는 각이 직각입니다.

4. 직각삼각형은 무엇일까요

1 직각삼각형 **2** 나, 라, 바
3 준호
4 예

5 3개 **6** 예

1 한 각이 직각인 삼각형을 직각삼각형이라고 합니다.

2 직각삼각형: 한 각이 직각인 삼각형 ➔ 나, 라, 바

3 직각삼각형은 한 각이 직각인 삼각형입니다.

4 한 각이 직각인 삼각형이 되도록 모눈을 이용하여 직각삼각형을 그립니다.

5 점선을 따라 색종이를 자르면 삼각형이 3개 만들어지고, 3개의 삼각형은 모두 직각삼각형입니다.

6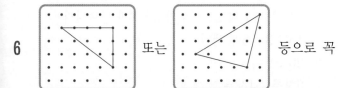

또는   등으로 꼭짓점 한 개를 옮겨 직각삼각형을 만들 수 있습니다.

5. 직사각형은 무엇일까요

1 직사각형 **2** 나, 다
3 예

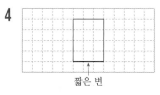

짧은 변

5 예 직사각형은 네 각이 모두 직각이어야 하는데 네 각 중에서 두 각은 직각이 아닙니다.

6 5개

2 직사각형: 네 각이 모두 직각인 사각형 ➔ 나, 다

4 짧은 변의 길이가 모눈 3칸만큼이므로 긴 변의 길이는 모눈 3+1=4(칸)만큼이 되도록 직사각형을 그립니다.

5 직사각형은 네 각이 모두 직각이어야 합니다.

6 : 2개, : 2개, : 1개

➔ 2+2+1=5(개)

6. 정사각형은 무엇일까요

1 직각, 변 **2** 가, 라
3 7, 7, 7 **4** 은별
5 예 네 각이 모두 직각입니다. / 예 직사각형은 네 변의 길이가 모두 같지는 않고, 정사각형은 네 변의 길이가 모두 같습니다.
6 16 cm

2 정사각형: 네 각이 모두 직각이고 네 변의 길이가 모두 같은 사각형 ➔ 가, 라

3 정사각형은 네 변의 길이가 모두 같습니다.
➔ 한 변의 길이가 7 cm이므로 □=7입니다.

4 정사각형에는 직각이 4개 있습니다.

5 각의 크기와 변의 길이를 비교하여 생각해 봅니다.

6 (빨간색 선의 길이)=(2 cm인 변 8개 길이의 합)
➔ 2+2+2+2+2+2+2+2=16 (cm)

기본 강화책

2
단원

3 나눗셈

기초력 더하기

24쪽 1. 똑같이 나누기

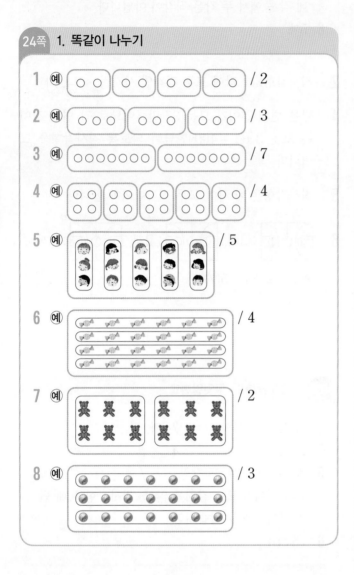

1 예 / 2
2 예 / 3
3 예 / 7
4 예 / 4
5 예 / 5
6 예 / 4
7 예 / 2
8 예 / 3

25쪽 2. 곱셈과 나눗셈의 관계

1 7 / 7, 7 2 9 / 9, 9
3 3 / 3, 3 4 2 / 2, 2
5 6, 2 6 3, 3
7 4, 8, 4 8 24, 4, 6
9 42, 6, 42, 7 10 8, 7, 56, 7

26쪽 3. 나눗셈식의 몫을 곱셈식으로 구하기 / 나눗셈식의 몫을 곱셈구구로 구하기

1 2, 2 2 9, 9
3 7, 7 4 5, 5
5 3, 3 6 4, 4
7 7 8 5 9 3
10 6 11 9 12 7
13 8 14 8 15 9

수학익힘 다잡기

27쪽 1. 어떻게 똑같이 나눌까요(1)

1 56 / 8 / 7
2 예 / 4
3 24, 3, 8 / 예 24 나누기 3은 8과 같습니다.
4 15÷3=5에 색칠
5 30÷6=5 / 5개
6 6자루 / 4자루

1 56÷8=7과 같은 식을 나눗셈식이라 합니다.
56은 나누어지는 수, 8은 나누는 수, 7은 56을 8로 나눈 몫이라고 합니다.

2 딸기 16개를 접시 4개에 똑같이 나누어 담으면 접시 한 개에 4개씩 담을 수 있습니다.

3 꽃 24송이를 꽃병 3개에 똑같이 나누어 담으면 한 꽃병에 8송이씩 담을 수 있습니다. 이것을 나눗셈식으로 나타내면 24÷3=8입니다.

4 구슬 15개를 주머니 3개에 똑같이 나누어 담았으므로 15÷3이고, 한 주머니에 5개씩 담을 수 있으므로 15÷3=5입니다.

5 (상자 한 개에 담을 수 있는 초콜릿의 수)
  ＝(전체 초콜릿의 수)÷(상자의 수)
  ＝30÷6＝5(개)

6 가 연필꽂이에 12÷2＝6(자루)씩 꽂을 수 있습니다.
  나 연필꽂이에 12÷3＝4(자루)씩 꽂을 수 있습니다.

1 ㉐  / 5명

2 5, 8

3 ㉐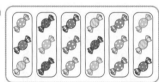
  (1) 3, 3, 3, 3 / 6 (2) 6봉지

4 54÷6＝9 / 9일

5 색종이 16장을 한 명에게 2장씩 주면 몇 명에게
  나누어 줄 수 있을까요? / 8명에게 나누어 줄 수
  있습니다.

6 은채

1 도넛 10개를 한 명에게 2개씩 주면 5명에게 나누어
  줄 수 있습니다.

2 40에서 5를 8번 빼면 0이 됩니다. 이것을 나눗셈식
  으로 나타내면 40÷5＝8입니다.

3 사탕 18개를 3개씩 묶으면 6묶음이 됩니다.
  → 18÷3＝6(봉지)

4 (동화책을 모두 읽는 데 걸리는 날수)
  ＝(전체 동화책의 쪽수)÷(하루에 읽는 쪽수)
  ＝54÷6＝9(일)

5 채점 가이드 16÷2를 이용하여 문제를 만들고, 정답으로 8을 쓰
  면 정답으로 인정합니다.

6 24에서 6씩 4번 빼면 0이 되므로 4명에게 나누어
  줄 수 있습니다.

1 (1) 3, 24 (2) 8, 3 (3) 3, 8

2 2 / 2, 2

3 (1) 6, 48, 6 (2) 5, 5, 45

4 5×6＝30, 6×5＝30 /
  30÷5＝6, 30÷6＝5

5 4×5＝20 / 20÷4＝5, 20÷5＝4

6 ㉐ 7, 5, 35 / 7×5＝35, 5×7＝35 /
  35÷7＝5, 35÷5＝7

2 지우개가 7개씩 2묶음이므로 곱셈식으로 나타내면
  7×2＝14입니다.
  → 14÷7＝2, 14÷2＝7

3 (1) 6×8＝48   6×8＝48

      48÷6＝8   48÷8＝6

  (2) 45÷9＝5   45÷9＝5

      9×5＝45   5×9＝45

4 공깃돌이 5개씩 6통 있으므로 곱셈식으로 나타내면
  5×6＝30, 6×5＝30입니다.
  → 30÷5＝6, 30÷6＝5

5 달걀이 4개씩 5판이므로 곱셈식으로 나타내면
  4×5＝20입니다.
  따라서 곱셈식을 나눗셈식으로 나타내면
  20÷4＝5, 20÷5＝4입니다.

6 • 4, 7, 28을 골랐을 경우:

$4 \times 7 = 28$, $7 \times 4 = 28$, $28 \div 4 = 7$, $28 \div 7 = 4$

• 4, 5, 20을 골랐을 경우:

$4 \times 5 = 20$, $5 \times 4 = 20$, $20 \div 4 = 5$, $20 \div 5 = 4$

30쪽 4. 나눗셈의 몫을 곱셈으로 어떻게 구할까요

1 9, 9 / 9

2

3 (1) 6 (2) 5 (3) 8 (4) 8

4 $81 \div 9$에 ○표

5 $20 \div 4 = 5$ / 5개

6 $36 \div 4 = 9$ / 9

---

1 • 나눗셈식: 붙임딱지 27장을 3장씩 묶으면 9묶음이 됩니다.

→ $27 \div 3 = 9$

• $27 \div 3$의 몫을 구할 수 있는 곱셈식은 $3 \times 9 = 27$ 입니다.

• $27 \div 3$의 몫은 9입니다.

2 (1) $4 \times 3 = 12$ → $12 \div 4 = 3$

(2) $8 \times 7 = 56$ → $56 \div 8 = 7$

(3) $9 \times 5 = 45$ → $45 \div 9 = 5$

3 (1) $2 \times 6 = 12$ → $12 \div 2 = 6$

(2) $7 \times 5 = 35$ → $35 \div 7 = 5$

(3) $8 \times 8 = 64$ → $64 \div 8 = 8$

(4) $9 \times 8 = 72$ → $72 \div 9 = 8$

4 • $28 \div 4 = 7$ • $45 \div 9 = 5$

• $42 \div 7 = 6$ • $81 \div 9 = 9$

→ 몫이 가장 큰 나눗셈: $81 \div 9$

5 오렌지 20개를 바구니 한 개에 4개씩 담으려면 $20 \div 4 = 5$(개)가 필요합니다.

6 $36 \div 4 = 9$, $36 \div 6 = 6$, $36 \div 9 = 4$이므로 몫이 가장 큰 나눗셈식은 $36 \div 4 = 9$입니다.

---

4 곱셈

기초력 더하기

31쪽 1. 올림이 없는 (두 자리 수)×(한 자리 수)

1	30	**2**	80	**3**	90
4	84	**5**	66	**6**	26
7	84	**8**	93	**9**	46
10	20	**11**	80	**12**	90
13	48	**14**	36	**15**	44
16	39	**17**	63	**18**	86

32쪽 2. 십의 자리에서 올림이 있는 (두 자리 수)×(한 자리 수)

1	168	**2**	156	**3**	148
4	217	**5**	248	**6**	166
7	455	**8**	427	**9**	129
10	108	**11**	639	**12**	153
13	306	**14**	124	**15**	368
16	567	**17**	219	**18**	246

33쪽 3. 일의 자리에서 올림이 있는 (두 자리 수)×(한 자리 수)

1	65	**2**	72	**3**	92
4	51	**5**	60	**6**	84
7	76	**8**	92	**9**	72
10	96	**11**	96	**12**	58
13	94	**14**	57	**15**	81
16	90	**17**	84	**18**	78

1	104	**2**	177	**3**	360
4	612	**5**	294	**6**	210
7	672	**8**	145	**9**	318
10	180	**11**	172	**12**	201
13	492	**14**	632	**15**	112
16	385	**17**	282	**18**	414

수학익힘 다잡기

1 3, 30 / 9, 9 / 39
2 (1) 80 (2) 90 (3) 69 (4) 44
3 (1) > (2) <
4 12×4=48 / 48장
5 24개 / 48개
6 2 / 8

1
• 십 모형이 나타내는 수: 10×3=30
• 일 모형이 나타내는 수: 3×3=9
→ 13×3=39

3 (1) 20×4=80, 22×3=66 → 80>66
(2) 12×3=36, 31×2=62 → 36<62

4 (전체 색종이의 수)
＝(한 상자에 들어 있는 색종이의 수)×(상자 수)
＝12×4=48(장)

5 • 규민: 12×2=24(개)
• 주경: 24×2=48(개)

6 22×4=88이므로 ㉠=2, ㉡=8입니다.
㉠=3이면 3×4=12로 ㉡에 12가 들어갈 수 없으
므로 ㉠은 3보다 작습니다.

1 120 / 6 / 126
2 (1) 104 (2) 217 (3) 189 (4) 208
3 (1) 129 (2) 188   **4** 유나, 15개
5 7   **6** 41

1
• 십 모형이 나타내는 수: 60×2=120
• 일 모형이 나타내는 수: 3×2=6
→ 63×2=126

4 유나가 산 젤리: 51×4=204(개)
윤지가 산 젤리: 63×3=189(개)
따라서 유나가 윤지보다 젤리를
204−189=15(개) 더 많이 샀습니다.

5 91×8=728(>490), 81×8=648(>490),
71×8=568(>490), 61×8=488(<490), …
→ □ 안에 들어갈 수 있는 가장 작은 수: 7

6 십의 자리 수와 일의 자리 수의 합이
5인 두 자리 수: 50, 41, 32, 23, 14
이 중 십의 자리 수가 일의 자리 수보다
더 큰 수: 50, 41, 32
50×3=150, 41×3=123, 32×3=96이므로
설명하는 수는 41입니다.

1 20 / 12 / 32
2 (1) 96 (2) 74 (3) 81 (4) 90
3 56 / 42
4 (1)
(2)
(3)
5 18×5=90 / 90자루
6 68

기본·강화책

4
단원

1 · 10 이 나타내는 수: $10 \times 2 = 20$
· 1 이 나타내는 수: $6 \times 2 = 12$ ➜ $16 \times 2 = 32$

2 (3)
$$\begin{array}{r} \overset{2}{2}\,7 \\ \times \quad 3 \\ \hline 8\,1 \end{array}$$
(4)
$$\begin{array}{r} \overset{1}{4}\,5 \\ \times \quad 2 \\ \hline 9\,0 \end{array}$$

3 · $14 \times 4 = 56$ · $14 \times 3 = 42$

4 (1) $35 \times 2 = 70$
(2) $49 \times 2 = 98$
(3) $18 \times 3 = 54$

5 (전체 색연필의 수)
= (한 묶음에 들어 있는 색연필의 수) × (묶음의 수)
= $18 \times 5 = 90$(자루)

6 어떤 수를 □라 하면 □$+4=21$ ➜ □$=17$
따라서 바르게 계산한 값은 $17 \times 4 = 68$입니다.

---

4. 올림이 두 번 있는
38쪽 (두 자리 수) × (한 자리 수)를 어떻게 계산할까요

1 150 / 20 / 170

2 (1) 208 (2) 172 (3) 324 (4) 245

3 ㉢, ㉠, ㉡

4 $28 \times 6 = 168$ / 168명

5
$$\begin{array}{r} \overset{4}{5}\,7 \\ \times \quad 6 \\ \hline 3\,4\,2 \end{array}$$

6 $73 \times 9 = 657$ / 657

1 · 10 이 나타내는 수: $30 \times 5 = 150$
· 1 이 나타내는 수: $4 \times 5 = 20$
➜ $34 \times 5 = 170$

2 (3)
$$\begin{array}{r} \overset{2}{5}\,4 \\ \times \quad 6 \\ \hline 3\,2\,4 \end{array}$$
(4)
$$\begin{array}{r} \overset{3}{3}\,5 \\ \times \quad 7 \\ \hline 2\,4\,5 \end{array}$$

---

3 ㉠ $43 \times 6 = 258$ ㉡ $36 \times 7 = 252$
㉢ $29 \times 9 = 261$
따라서 계산 결과가 큰 것부터 차례로 기호를 쓰면
㉢, ㉠, ㉡입니다.

4 (진아네 학교 3학년 학생 수) $= 28 \times 6 = 168$(명)

5 일의 자리 계산에서 $7 \times 6 = 42$이므로 40을 올림하여 $50 \times 6 = 300$과 더해 주어야 합니다.

6 3장의 수 카드를 한 번씩만 사용하여 만들 수 있는 (두 자리 수) × (한 자리 수):
$37 \times 9 = 333$, $39 \times 7 = 273$, $73 \times 9 = 657$,
$79 \times 3 = 237$, $93 \times 7 = 651$, $97 \times 3 = 291$
➜ 곱이 가장 큰 곱셈식: $73 \times 9 = 657$

39쪽 5. 곱셈의 어림셈을 어떻게 할까요

1

/ 10, 30

2 20 / 20, 8, 160

3 (1) • ╲ ╱ •
(2) • ╳ •
(3) • ╱ ╲ •

4 리아

5 예 640권 / 예 79는 약 80이므로 책장 8개에 꽂을 수 있는 책은 약 $80 \times 8 = 640$(권)입니다.

2 19는 20과 가까우므로 심은 꽃의 수는 약
$20 \times 8 = 160$(송이)입니다.

3 (1) 21은 20과 가까우므로 $20 \times 8 = 160$입니다.
(2) 61은 60과 가까우므로 $60 \times 4 = 240$입니다.
(3) 39는 40과 가까우므로 $40 \times 7 = 280$입니다.

4 51은 50보다 크고 $50 \times 9 = 450$이므로 51×9는 540보다 클 것입니다.

5 채점 가이드 79는 약 80으로 어림하여 $80 \times 8 = 640$으로 어림하면 정답으로 인정합니다.

5 길이와 시간

기초력 더하기

40쪽 **1. cm보다 작은 단위**

1	20, 23	2	50, 54
3	70, 76	4	10, 1, 3
5	40, 4, 7	6	50, 5, 8
7	69	8	87
9	111	10	3, 5
11	7, 2	12	9, 6

41쪽 **2. m보다 큰 단위**

1	3000, 3400	2	5000, 5850
3	7000, 7010	4	2000, 2, 900
5	8000, 8, 520	6	5000, 5, 45
7	6230	8	9025
9	8005	10	4, 816
11	7, 304	12	9, 1

42쪽 **3. 분보다 작은 단위**

1	2, 40, 1	2	10, 10, 30
3	1, 50, 25	4	7, 26, 42
5	5, 7, 14	6	12, 35, 52
7	70	8	160
9	205	10	115
11	1, 20	12	3, 30
13	4, 25	14	6, 30
15	7, 5		

43쪽 **4. 시간의 덧셈**

1	4, 50	2	19, 55
3	55, 40	4	9, 35
5	8, 40	6	10, 45
7	3시 35분 25초	8	6시 50분 50초
9	3시간 35분 25초	10	5시 50분 30초
11	5시 45분 45초	12	7시간 25분 55초

44쪽 **5. 시간의 뺄셈**

1	4, 10	2	3, 5
3	25, 15	4	6, 20
5	1, 20	6	5, 10
7	8시 15분 40초	8	9시간 25분 5초
9	2시간 10분 40초	10	4시 10분 15초
11	4시간 45분 20초	12	4시간 15분 30초

수학익힘 다잡기

45쪽 **1. cm보다 작은 단위는 무엇일까요**

1 (1) $6\,mm$ / 6 밀리미터
  (2) $3\,cm\ 5\,mm$ /
  3 센티미터 5 밀리미터

2 (1)
  (2)

3 5, 3, 53

4 (1)
  (2)

5 ㉢, ㉠, ㉡

6 수영 / 예 130 cm는 1300 mm로 나타낼 수 있어.

2 ⑴ 10 cm 2 mm＝100 mm＋2 mm＝102 mm
⑵ 380 mm＝38 cm

3 5 cm＝50 mm ➔ 5 cm 3 mm＝53 mm

4 ⑴ 자의 눈금 0부터 시작하여 작은 눈금 8칸만큼 선을 긋습니다.
⑵ 자의 눈금 0부터 시작하여 4 cm에서 작은 눈금 2칸 더 간 곳만큼 선을 긋습니다.

5 ㉠ 40 mm, ㉡ 34 mm, ㉢ 43 mm
따라서 길이가 긴 것부터 차례로 기호를 쓰면 ㉢, ㉠, ㉡입니다.

6 [채점 가이드] 1 cm＝10 mm임을 이용하여 설명을 적었으면 정답으로 인정합니다.

46쪽 2. m보다 큰 단위는 무엇일까요

1 4, 700, 4 킬로미터 700 미터

2 ⑴ ———— 2 km ———— / 2 킬로미터
⑵ ———— 5 km 300 m ———— /
5 킬로미터 300 미터

3 1, 700, 1700 　　　**4** 6, 600, 6600

5 ⑴ 3000 ⑵ 6000 ⑶ 3, 940 ⑷ 8, 430

6 준기네 집

---

3 1 km＝1000 m ➔ 1 km 700 m＝1700 m

4 수직선에서 작은 눈금 한 칸의 길이는 100 m입니다.
6 km에서 작은 눈금 6칸을 더 갔으므로 6 km 600 m입니다.

5 ⑴, ⑵ 1 km＝1000 m를 이용합니다.
⑶, ⑷ 1000 m＝1 km를 이용합니다.

6 2 km 470 m＝2470 m
2470 m＞2047 m이므로 더 먼 곳은 준기네 집입니다.

47쪽 3. 길이는 어떻게 어림하고 잴까요

1 例 약 2 cm / 2 cm 3 mm

2 ⑴ 例 ├————————————————
⑵ 例 ├————————————————

3 ⑴ mm ⑵ cm ⑶ mm

4 ㉡

5 공원

6 例 경찰서에서 집까지의 거리는 약 500 m입니다.

---

1 자를 사용하여 측정하지 않고 어림한 길이를 말할 때에는 약 몇 cm 또는 약 몇 mm라고 씁니다.

3 ⑴ 250 mm＝25 cm이므로 필통의 길이는 약 250 mm입니다.
⑵ 22 cm＝220 mm이므로 내 발의 길이는 약 22 cm입니다.
⑶ 동화책의 두께는 약 8 mm입니다.

4 교실 문의 높이, 축구장의 긴 쪽의 길이는 1 km보다 짧습니다.
➔ 길이가 1 km보다 더 긴 것은 ㉡입니다.

5 한 칸의 길이가 약 500 m이므로 두 칸의 길이는 약 1000 m＝1 km입니다.
따라서 집에서 약 1 km 떨어진 곳은 공원입니다.

6 [채점 가이드] 알고 있는 거리와 비교하여 거리를 어림하고, 알맞은 문장을 만들었으면 정답으로 인정합니다.

48쪽 4. 분보다 작은 단위는 무엇일까요

1 60 　　　　　　　　**2** ㉠, ㉢

3 ⑴ 1, 21, 13 ⑵ 8, 53, 28

4 ⑴
⑵
⑶　　　　　　**5** ⑴ 분 ⑵ 시간 ⑶ 초

6 재민

3 (1) 초바늘이 2에서 작은 눈금 3칸 더 간 곳을 가리키므로 13초입니다. → 1시 21분 13초

(2) 디지털 시계는 ':'을 기준으로 앞에서부터 시, 분, 초를 나타냅니다.

4 (1) 1분 10초＝60초＋10초＝70초

(2) 470초＝420초＋50초＝7분＋50초＝7분 50초

(3) 3분 30초＝180초＋30초＝210초

6 310초＝300초＋10초＝5분 10초

5분 10초＜5분 50초이므로 더 빨리 달린 사람은 재민입니다.

---

1 3, 35, 20   **2** 5시 40분 30초

3 (1) 7시 56분 10초   (2) 10시간 45분 12초

4 3시 35분 25초   **5** 48분 5초

6
```
    1시 15분
 +     10분 35초
 ──────────────
    1시 25분 35초
```

2
```
    5시  5분 10초
 +      35분 20초
 ──────────────
    5시 40분 30초
```

3 (1)
```
          1
    7시 45분 20초
 +      10분 50초
 ──────────────
    7시 56분 10초
```

(2)
```
    8시간 15분  5초
 + 2시간 30분  7초
 ──────────────
   10시간 45분 12초
```

4
```
    3시  5분 10초
 +      30분 15초
 ──────────────
    3시 35분 25초
```

5
```
          1
    22분 35초
 + 25분 30초
 ──────────
    48분  5초
```

6 시는 시끼리, 분은 분끼리, 초는 초끼리 더해야 합니다.

---

1 11, 20, 30   **2** 8시 5분 20초

3 (1) 5시 14분 50초   (2) 2시간 2분 5초

4 6시 34분 30초

5 40분 20초－32분 50초＝7분 30초 /
7분 30초

6 50초

2
```
    8시 50분 55초
 -      45분 35초
 ──────────────
    8시  5분 20초
```

3 (1)
```
              19      60
    5시 20분 45초
 -       5분 55초
 ──────────────
    5시 14분 50초
```

(2)
```
    11시간 5분 15초
 -  9시간 3분 10초
 ──────────────
    2시간 2분  5초
```

4
```
    6시 54분 40초
 -      20분 10초
 ──────────────
    6시 34분 30초
```

5
```
   39      60
   40분 20초
 - 32분 50초
 ──────────
    7분 30초
```

6 가장 빠른 선수: 예원(1분 15초)

가장 느린 선수: 현철(2분 5초)

(가장 빠른 선수와 가장 느린 선수의 기록의 차)
＝2분 5초－1분 15초＝50초

6 분수와 소수

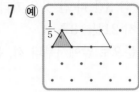

기초력 더하기

51쪽 **1. 똑같이 나누기**

1 ×	**2** ○	**3** ○
4 ○	**5** ×	**6** ×
7 3	**8** 4	
9 5	**10** 6	

52쪽 **2. 분수**

1 4, 2   **2** 3, 1

3 5, 3   **4** 3, 4, 3

5 $\frac{5}{8}$ / 8, 5   **6** $\frac{2}{3}$ / 3, 2

7 $\frac{1}{6}$ / 6, 1   **8** $\frac{8}{9}$ / 9, 8

9 $\frac{5}{12}$ / 12, 5

53쪽 **3. 분수로 나타내기**

1 $\boxed{\frac{3}{5}}$, $\frac{2}{5}$ **2** $\boxed{\frac{4}{7}}$, $\frac{3}{7}$

3 $\boxed{\frac{7}{8}}$, $\frac{1}{8}$ **4** $\boxed{\frac{4}{9}}$, $\frac{5}{9}$

5 $\boxed{\frac{7}{10}}$, $\frac{3}{10}$ **6** $\boxed{\frac{7}{12}}$, $\frac{5}{12}$

7 예 $\frac{1}{5}$

8 예 $\frac{1}{2}$

9 예 $\frac{1}{3}$

10 예 $\frac{1}{4}$

54쪽 **4. 단위분수의 크기 비교 / 분모가 같은 분수의 크기 비교**

1 예   / < /

2 예   / > /

3 예   / > /

4 예   / < /

5 예   / > /

6 / < / [도형]

7 >   8 >   9 <
10 >   11 <   12 >
13 <   14 <   15 >

55쪽 5. 1보다 작은 소수 / 1보다 큰 소수

1 0.4 / 영 점 사   2 0.6 / 영 점 육
3 2.7 / 이 점 칠   4 3.4 / 삼 점 사
5 3   6 9
7 0.6   8 0.4
9 3.5   10 7.8

56쪽 6. 소수의 크기 비교

1 예 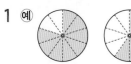 / >

2 예  / <

3 예 [오각형 그림] / >

4 예 [직사각형 그림] / >

5 예 [막대 그림] / >

6 예  / <

7 >   8 <   9 >
10 <   11 <   12 >
13 <   14 >   15 <

수학익힘 다잡기

57쪽 1. 하나를 똑같이 나누려면 어떻게 해야 할까요

1 (1) 셋 (2) 넷
2 다, 마
3 예 [정사각형 그림]
4 예 [직사각형 두 개 그림]
5 미나
6 똑같이 셋으로 나눈 것이 아닙니다. /
   예 나누어진 조각의 모양과 크기가 같지 않기 때
   문입니다.

2 • 가, 바: 똑같이 둘로 나누어졌습니다.
   • 나, 라: 똑같이 나누어지지 않았습니다.
   → 똑같이 넷으로 나누어진 도형은 다, 마입니다.

3 모양과 크기가 같도록 전체를 똑같이 넷으로 나눕니다.
   →  또는 [정사각형 대각선 그림]

4 나누어진 조각들의 모양과 크기가 서로 같도록 똑같
   이 여섯으로 나눕니다.

5 미나의 깃발은 똑같이 나누어진 깃발이 아닙니다.
   참고 연서는 모리셔스, 준호는 프랑스, 미나는 태국 국기입니다.

58쪽 2. 분수를 알아볼까요(1)

1 2, 1, $\frac{1}{2}$ 2 $\frac{5}{6}$ / 6분의 5

3 $\frac{2}{6}$ 4 (1) [선 연결 그림]
                                (2)

5 나
6 예 분모는 4이고, 분자는 3을 나타냅니다.

6. 분수와 소수 **51**

1 부분은 전체를 똑같이 몇으로 나눈 것 중의 얼마만큼 인지 알아봅니다.

2 전체를 똑같이 6으로 나눈 것 중의 5
➡ 쓰기: $\frac{5}{6}$, 읽기: 6분의 5

3 도율이가 먹은 피자는 전체를 똑같이 6으로 나눈 것 중의 2이므로 $\frac{2}{6}$입니다.

4 (1) 색칠한 부분은 전체를 똑같이 4로 나눈 것 중의 3 입니다. ➡ $\frac{3}{4}$(4분의 3)

(2) 색칠한 부분은 전체를 똑같이 6으로 나눈 것 중의 4입니다. ➡ $\frac{4}{6}$(6분의 4)

5 • 가: 색칠한 부분은 전체를 똑같이 5로 나눈 것 중의 2입니다.
• 나: 색칠한 부분은 전체를 똑같이 5로 나눈 것 중의 3입니다.
• 다: 색칠한 부분은 전체를 똑같이 5로 나눈 것 중의 4입니다.

6 전체를 똑같이 4로 나눈 것 중의 3이므로 $\frac{3}{4}$입니다.

---

1 (1) 전체를 똑같이 4로 나눈 것 중의 3 ➡ $\frac{3}{4}$

(2) 전체를 똑같이 6으로 나눈 것 중의 1 ➡ $\frac{1}{6}$

2 • 색칠한 부분: 전체를 똑같이 5로 나눈 것 중의 2
➡ $\frac{2}{5}$

• 색칠하지 않은 부분: 전체를 똑같이 5로 나눈 것 중의 3 ➡ $\frac{3}{5}$

3 도화지가 12칸으로 나누어져 있으므로 도화지 7칸을 빨간색, 5칸을 파란색으로 색칠합니다.

4 가: 전체를 5로 나눈 것 중의 2 ➡ $\frac{2}{5}$

나, 다: 전체를 5로 나눈 것 중의 3 ➡ $\frac{3}{5}$

5 분자가 1이고, 그림에 1칸이 그려져 있습니다.
분모가 4이므로 전체가 4칸이 되도록 3칸을 더 그립니다.

6 전체를 6으로 나누었으므로 분모는 6입니다.
딸기 맛을 고를 경우: $\frac{3}{6}$
초콜릿 맛을 고를 경우: $\frac{2}{6}$
치즈 맛을 고를 경우: $\frac{1}{6}$

59쪽 3. 분수를 알아볼까요(2)

1 (1) $\frac{3}{4}$ (2) $\frac{1}{6}$ **2** $\frac{2}{5}$, $\frac{3}{5}$

3 예

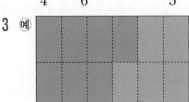

4 가

5 예

6 예 초콜릿 맛 / $\frac{2}{6}$

60쪽 4. 단위분수의 크기를 어떻게 비교할까요

1 단위분수 **2** $\frac{1}{6}$, $\frac{1}{8}$에 ○표

3
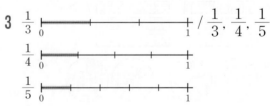
/ $\frac{1}{3}$, $\frac{1}{4}$, $\frac{1}{5}$

4 (1) > (2) < (3) < (4) <
5 호진 **6** 형준
7 2개

3 조각의 크기를 비교하면 $\frac{1}{3} > \frac{1}{4} > \frac{1}{5}$입니다.

5 단위분수는 분모가 작을수록 더 크므로 $\frac{1}{3} > \frac{1}{4}$입니다. 따라서 호진이가 초콜릿을 더 많이 먹었습니다.

6 분모의 크기를 비교하면 2가 가장 작으므로 가장 큰 분수는 $\frac{1}{2}$입니다.

→ 주스를 가장 많이 마신 사람은 형준입니다.

7 $\frac{1}{7}$보다 작은 단위분수는 분모가 7보다 커야 합니다.

→ □ 안에 들어갈 수 있는 수는 8, 9로 모두 2개입니다.

61쪽 **5. 분모가 같은 분수의 크기를 어떻게 비교할까요**

1 2, 4, '작습니다'에 ○표

2 (1) 예 / > /

(2) 예 / < /

3 (1) > (2) < (3) > (4) <

4 $\frac{11}{12}$에 ○표, $\frac{2}{12}$에 △표

5 $\frac{2}{8}$, $\frac{5}{8}$, 재경   **6** $\frac{8}{9}$

1 색칠한 부분의 크기를 비교하면 $\frac{2}{5}$는 $\frac{4}{5}$보다 더 작습니다.

2 (1) 색칠한 부분의 크기를 비교하면 $\frac{4}{6}$는 $\frac{3}{6}$보다 더 큽니다. → $\frac{4}{6} > \frac{3}{6}$

(2) 색칠한 부분의 크기를 비교하면 $\frac{4}{9}$는 $\frac{7}{9}$보다 더 작습니다. → $\frac{4}{9} < \frac{7}{9}$

3 분모가 같은 분수는 분자가 클수록 더 큽니다.

4 분자의 크기를 비교하면 11>7>3>2이므로 $\frac{11}{12} > \frac{7}{12} > \frac{3}{12} > \frac{2}{12}$입니다.

→ 가장 큰 분수: $\frac{11}{12}$, 가장 작은 분수: $\frac{2}{12}$

5 하은이가 먹은 와플의 양: 8조각 중 2조각 → $\frac{2}{8}$

재경이가 먹은 와플의 양: 8조각 중 5조각 → $\frac{5}{8}$

$\frac{2}{8} < \frac{5}{8}$이므로 더 많이 먹은 친구는 재경입니다.

6 분모가 9이고 분자가 짝수인 분수는 $\frac{2}{9}$, $\frac{4}{9}$, $\frac{6}{9}$, $\frac{8}{9}$입니다. 이 중 $\frac{7}{9}$보다 큰 분수는 $\frac{8}{9}$입니다.

기본 강화책

6 단원

62쪽 **6. 소수를 알아볼까요(1)**

1 (1) $\frac{7}{10}$ (2) 0.7, 영 점 칠

2 $\frac{2}{10}$, $\frac{5}{10}$, $\frac{7}{10}$ / 0.3, 0.7

3 $\frac{4}{10}$, 0.4   **4** (1) 5 (2) 0.3 (3) 8

5 0.9 m / 0.3 m   **6** 0.3

1 $\frac{7}{10}$을 소수로 나타내면 0.7이고 영 점 칠이라고 읽습니다.

2 수직선에서 작은 눈금 한 칸은 $\frac{1}{10}=0.1$입니다.

→ $0.2=\frac{2}{10}$, $\frac{3}{10}=0.3$, $0.5=\frac{5}{10}$, $\frac{7}{10}=0.7$

3 색칠한 부분은 전체를 똑같이 10으로 나눈 것 중의 4입니다. → $\frac{4}{10}=0.4$

6. 분수와 소수   **53**

4 (1) 0.■는 0.1이 ■개입니다.

(2) 0.1이 ■개이면 0.■입니다.

(3) $\frac{1}{10}$(=0.1)이 ■개이면 0.■입니다.

5 한 칸의 길이는 1 m를 10칸으로 똑같이 나눈 것이므로 0.1 m입니다.

빗자루: 9칸 → 0.9 m

쓰레받기: 3칸 → 0.3 m

6 전체를 똑같이 10으로 나눈 것 중의 3이므로 서아가 먹은 호두파이의 조각은 0.3으로 나타낼 수 있습니다.

63쪽 7. 소수를 알아볼까요(2)

1 (1) 0.1 / 6.7 (2) 6.7

2 1.8 / 일 점 팔

3 1.5 km / 2.4 km

4 (1) 3.4 (2) 2.5 (3) 49 (4) 7.3

5 1.3컵

6 예 1리가 약 400 m이므로 8리는 약

400×8=3200 (m)입니다.

3200 m=3.2 km이므로 약 3.2 km입니다.

/ 약 3.2 km

---

1 60 mm=6 cm이고, 1 mm=0.1 cm이므로

7 mm=0.7 cm입니다.

→ 67 mm=6.7 cm

3 • 편의점: 집에서 1 km보다 0.5 km만큼 더 떨어져

있습니다. → 1.5 km

• 병원: 집에서 2 km보다 0.4 km만큼 더 떨어져

있습니다. → 2.4 km

4 (1) 4 mm=0.4 cm → 3 cm 4 mm=3.4 cm

(2) 25 mm=2 cm 5 mm, 5 mm=0.5 cm

→ 25 mm=2.5 cm

(3) ■.▲는 0.1이 ■▲개입니다.

(4) 0.1이 ■▲개이면 ■.▲입니다.

---

5 주스가 1컵과 0.3컵만큼 있으므로 소수로 나타내면 1.3컵입니다.

6 8리는 1리가 8번이고 1리는 약 400 m이므로 8리는 약 3200 m이고, 소수로 나타내면 약 3.2 km입니다.

64쪽 8. 소수의 크기를 어떻게 비교할까요

1 '작습니다'에 ○표

2 0.7 ┣━┿━┿━┿━┿━┿━┿━┿━┿━┫ / >
   0   1

  0.4 ┣━┿━┿━┿━┿━┿━┿━┿━┿━┫
   0   1

3 (1) 28 / 25 / > (2) 46 / 49 / <

4 ㉠, ㉢   **5** 0.6, 0.7에 ○표

6 민우, 지수, 소은

---

1 0.6은 0.1이 6개이고, 0.8은 0.1이 8개이므로 0.6은 0.8보다 더 작습니다.

2 수직선에 나타내면 0.7이 0.4보다 더 오른쪽에 있으므로 0.7은 0.4보다 더 큽니다.

→ 0.7>0.4

3 (1) 0.1의 개수를 비교하면 28>25이므로 2.8>2.5 입니다.

(2) 0.1의 개수를 비교하면 46<49이므로 4.6<4.9 입니다.

4 ㉡ 1.2<1.9   ㉢ 2.8>2.4

5 $\frac{5}{10}$=0.5이므로 0.5보다 크고 0.8보다 작은 소수를 모두 찾습니다.

→ 조건에 알맞은 소수는 0.6, 0.7입니다.

6 발 길이를 소수로 나타내면

지수: 21.8 cm, 민우: 22.5 cm입니다.

22.5>21.8>20.1이므로 발 길이가 가장 긴 친구부터 차례로 쓰면 민우, 지수, 소은입니다.

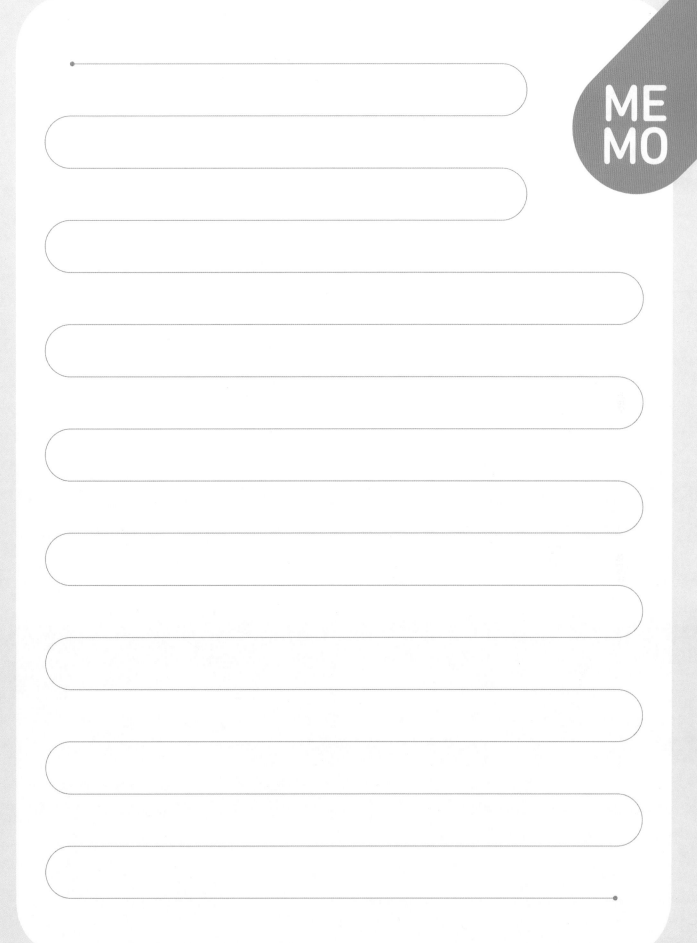

MEMO

MEMO